技工院校一体化课程教学改革数控加工专业教材

零件数控车床加工

人力资源和社会保障部教材办公室组织编写

中国劳动社会保障出版社

内容简介

本书主要内容包括台阶轴的数控车加工、子弹挂件的数控车加工、灯泡模型的数控车加工、手电筒模型的数控车加工、酒杯模型的数控车加工、圆锥管接头的数控车加工、灯泡底座模型的数控车加工、齿轮轴的数控车加工和空套齿轮轴的数控车加工九个学习任务。

图书在版编目（CIP）数据

零件数控车床加工/人力资源和社会保障部教材办公室组织编写. —北京：中国劳动社会保障出版社，2013

技工院校一体化课程教学改革数控加工专业教材

ISBN 978-7-5167-0520-9

Ⅰ.①零… Ⅱ.①人… Ⅲ.①数控机床-车床-零部件-加工-技工学校-教材 Ⅳ.①TG519.1

中国版本图书馆 CIP 数据核字（2013）第 177839 号

中国劳动社会保障出版社出版发行

（北京市惠新东街1号　邮政编码：100029）

出版人：张梦欣

*

北京市艺辉印刷有限公司印刷装订　新华书店经销

787毫米×1092毫米　16开本　17.5印张　311千字

2013年8月第1版　2025年5月第14次印刷

定价：34.00元

营销中心电话：400-606-6496

出版社网址：http://www.class.com.cn

http://jg.class.com.cn

技工院校一体化课程教学改革数控加工专业教材

零件数控车床加工

中国劳动社会保障出版社

技工院校一体化课程教学改革教材编委会名单

编审委员会

主　任：王晓初

副主任：吴道槐　张　斌　张梦欣　金　龄　张亚男　王晓君

委　员：冯　政　田　丰　翟　涛　万　象　何绪军　刘　春　王雪宁
　　　　蔡　兵　陈　蕾　蒋燕辰　刘素华

编审人员

主　编：薛晓春

参　编：张　良　张同兴　翟　勇　肖　强　李灿军　吕兴发

主　审：洪惠良

顾　问：朱永亮　张利芳　张晓梅

序

人才是我国经济社会发展的第一资源，技能人才是人才队伍的重要组成部分。党中央、国务院高度重视技能人才队伍建设工作，2009 年 12 月，胡锦涛总书记在视察珠海市高级技工学校时指出：“没有一流的技工，就没有一流的产品”、“技能型人才在推进自主创新方面具有不可替代的重要作用”。技工院校是系统培养技能人才的重要基地。多年来，技工院校始终紧紧围绕国家经济发展和劳动者就业，以满足经济发展和企业对技术工人的需求为办学宗旨，形成了鲜明的办学特色，为国家培养了大批生产一线技能劳动者和后备高技能人才。

当前，我国处于全面建设小康社会的关键时期，随着加快转变经济发展方式、推进经济结构调整以及大力发展高端制造产业等新兴战略性产业，迫切需要加快培养一大批具有精湛技能和高超技艺的技能人才。为了遵循技能人才成长规律，切实提高培养质量，进一步发挥技工院校在技能人才培养中的基础作用，从 2009 年开始，我部借鉴国内外职业教育先进经验，在全国 17 个省（区、市）的 30 所技工院校启动了一体化课程教学改革试点工作，推进以职业活动为导向，以校企合作为基础，以综合职业能力培养为核心，理论教学与技能操作融合贯通的一体化课程教学改革。这项改革试点将传统的以学历为基础的职业教育转变为以职业技能为基础的职业能力教育，促进了职业教育从知识教育向能力培养转变，努力实现“教、学、做”融为一体，收到了积极成效。改革试点得到了学校师生的充分认可，普遍反映一体化课程教学改革是技工院校一次“教学革命”，学生的学习热情、教学组织形式、教学手段和学生的综合素质都发生了根本性变化。试点的成果表明，一体化课程教学改革是转变技能人才培养模式的重要抓手，是推动技工院校改革发展的重要举措，也是人力资源社会保障部门加强技工教育和在职业培训工作的一个重点项目。

教学改革的成果最终要以教材为载体进行体现和传播。根据我部推进一体化课程教学改革的要求，一体化课程改革专家、几百位试点院校的骨干教师以及中国人力资源和社会保障出版集团的编辑团队，用了三年多的时间，组织实施了一体化课程教学改革试点，并将试点中形成的课程成果进行了整理、提炼，汇编成“活页”教材。这套教材不仅在形式上打破了传统教材的编写模式，而且在内容上突破了传统教材的结构体例，在国内职业教育培训教材领域中均属首创。这套教材及配套资料的出版，不仅是本次一体化课程教学改革试点工作的阶段性总结，也是一体化课程教学改革不断深化和全面推广的一个起点。希望全国技工院校将一体化课程教学改革作为创新人才培养模式、提高人才培养质量的重要抓手，进一步推动教学改革，促进内涵发展，提升办学质量，为加快培养合格的技能人才作出新的更大贡献！

人力资源和社会保障部副部长

王晓初

二〇一二年八月

活页式教材使用说明

◆ 页码编排方式

为了更加方便地在教材中增删和替换内容，页码采用“学习任务编号－学习活动编号－页码号”三级编排形式，如“3-2-4”表示“学习任务三”的“学习活动 2”的第 4 页。

◆ 过程评价表使用方法

教材中设计了“自评表”、“互评表”、“教师总评表”、“综合评价表”等评价表格，表头上有“班级”、“姓名”、“学号”等信息栏，从活页教材中取出评价表填写后可以单独提交。

◆ 教材内容更新方法

中国人力资源和社会保障出版集团将根据一体化课程教学改革的推进以及科学技术的发展和不同地域的需要，不断补充和更新教材中的学习任务和学习活动，学校可以从“技工院校一体化教学资源网（http：//yth.cott.org.cn）”下载（需在网站注册）。通过网站还可以了解到更多的一体化课程教学改革信息和下载相关资源。

◆ 便携式活页夹和 PVC 保护板使用方法

使用教材中附赠的便携式活页夹，可以灵活方便地将教材中部分内容携带至一体化教学场地。教材内附的整张 PVC 保护板可以作为学习记录垫板使用。

◆ 参考用书选用方法

在学习过程中，学生需要查阅大量参考资料，下表为中国人力资源和社会保障出版集团出版的适宜本专业一体化教学使用的参考书目录。

数控加工 / 机床切削加工专业一体化教学参考书目录（中级阶段）

序号	书号	书名
1	978-7-5045-9709-0	机械制图（少学时）（双色印刷）
2	978-7-5045-9690-1	机械基础（少学时）（双色印刷）
3	978-7-5045-9677-2	金属材料与热处理（少学时）（双色印刷）
4	978-7-5045-9717-5	极限配合与技术测量基础（少学时）（双色印刷）
5	978-7-5045-9689-5	机械制造工艺基础（少学时）（双色印刷）
6	978-7-5045-9713-7	工程力学（少学时）（双色印刷）
7	978-7-5045-9668-0	电工学（少学时）（双色印刷）
8	978-7-5045-8689-6	车工工艺与技能　学生用书Ⅱ　基础知识
9	978-7-5045-9159-3	铣工工艺与技能　学生用书Ⅱ　基础知识
10	978-7-5045-9128-9	数控加工工艺学（第三版）
11	978-7-5045-9097-8	数控机床编程与操作（第三版　数控车床分册）
12	978-7-5045-9112-8	数控机床编程与操作（第三版　数控铣床　加工中心分册）

目　录

学习任务一　台阶轴的数控车加工

学习目标

1. 能按照数控加工车间安全防护规定，正确穿戴劳保用品，严格执行安全操作规程。

2. 能在正确识读台阶轴图样的基础上，通过查阅国家标准等相关资料，制定该零件的数控车加工工艺，并正确编写凸轮轴的数控车加工程序。

3. 能运用数控车床上的编辑、修改和替代功能输入并调试台阶轴加工程序，解决在此过程中出现的简单报警。

4. 能根据台阶轴加工要求，运用规范对刀方法，正确建立工件坐标系。

5. 能在台阶轴加工过程中，严格按照数控车床操作规程操作机床。

6. 能根据切削状态调整切削用量，保证正常切削，并适时检测，保证台阶轴加工精度。

7. 能规范、熟练地使用常用量具，对台阶轴零件进行检测，判断加工质量，并根据台阶轴零件的测量结果，分析误差产生的原因，提出修改意见。

8. 能按车间现场6S管理和产品工艺流程的要求，正确放置台阶轴零件，整理现场、保养机床，进行产品交接并规范填写交接班记录表。

9. 能主动获取有效信息，展示工作成果，对学习与工作进行反思总结，并能与他人开展合作，进行有效沟通。

30 学时

工作情境描述

某企业机器中的单向控制阀阀芯（台阶轴零件，见下图）因长期使用产生磨损，出现渗漏现象，需要更换。加工数量为30件，工期为10天，包工包料。现生产主管部门委托我校数控车工组来完成此加工任务。

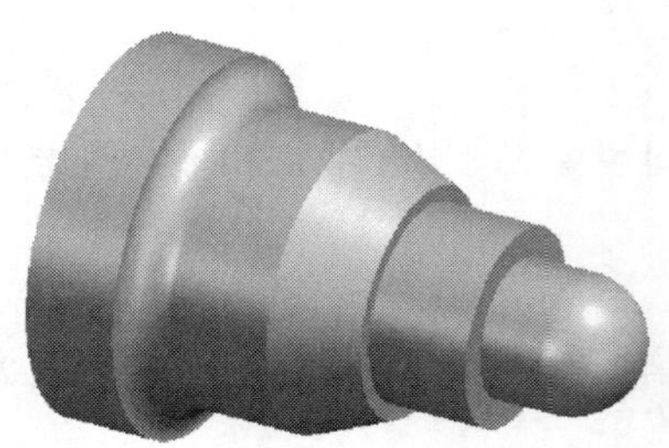

台阶轴零件实体图

工作流程与活动

1. 台阶轴加工工艺分析与编程
2. 数控车床简单操作的认知
3. 台阶轴的数控车加工
4. 台阶轴的检验与质量分析
5. 工作总结与评价

学习活动1　台阶轴加工工艺分析与编程

学习目标

1. 能阅读生产任务单，明确工作任务，制订出合理的工作进度计划。

2. 能根据零件图样，填写台阶轴的加工工艺卡。

3. 能根据加工工艺、台阶轴零件材料和形状特征等选择刀具和刀具几何参数，并确定数控加工合理的切削用量。

4. 能合理制定台阶轴的数控加工工艺路线，填写数控加工工序卡。

5. 能完成台阶轴数控车加工程序的编制。

建议学时　4学时

学习过程

一、阅读生产任务单

台阶轴生产任务单

<table>
<tr><td colspan="2">单位名称</td><td colspan="2"></td><td>完成时间</td><td colspan="2">年　月　日</td></tr>
<tr><td>序号</td><td>产品名称</td><td>材料</td><td>生产数量</td><td colspan="3">技术标准、质量要求</td></tr>
<tr><td>1</td><td>台阶轴</td><td>45钢或铝棒</td><td>30件</td><td colspan="3">按图样要求</td></tr>
<tr><td>2</td><td></td><td></td><td></td><td colspan="3"></td></tr>
<tr><td>3</td><td></td><td></td><td></td><td colspan="3"></td></tr>
<tr><td colspan="2">生产批准时间</td><td>年　月　日</td><td>批准人</td><td></td><td></td><td></td></tr>
<tr><td colspan="2">通知任务时间</td><td>年　月　日</td><td>发单人</td><td></td><td></td><td></td></tr>
<tr><td colspan="2">接单时间</td><td>年　月　日</td><td>接单人</td><td></td><td>生产班组</td><td>数控车工组</td></tr>
</table>

注：生产任务单与零件图样等一起领取。

1. 本任务所加工台阶轴零件是单向控制阀的阀芯，你知道单向控制阀的作用是什么吗？单向控制阀阀芯选材时，应考虑哪些问题？通常用什么材料制作单向控制阀阀芯？

2. 本生产任务工期为10天，试依据任务要求，制订合理的工作进度计划，并根据小组成员的特点进行分工。

序号	工作内容	时间	成员	负责人
1	工艺分析			
2	编制程序			
3	车削加工			
4	成品检验与质量分析			

二、分析图样，制定台阶轴加工工艺卡

1. 识读台阶轴零件图样

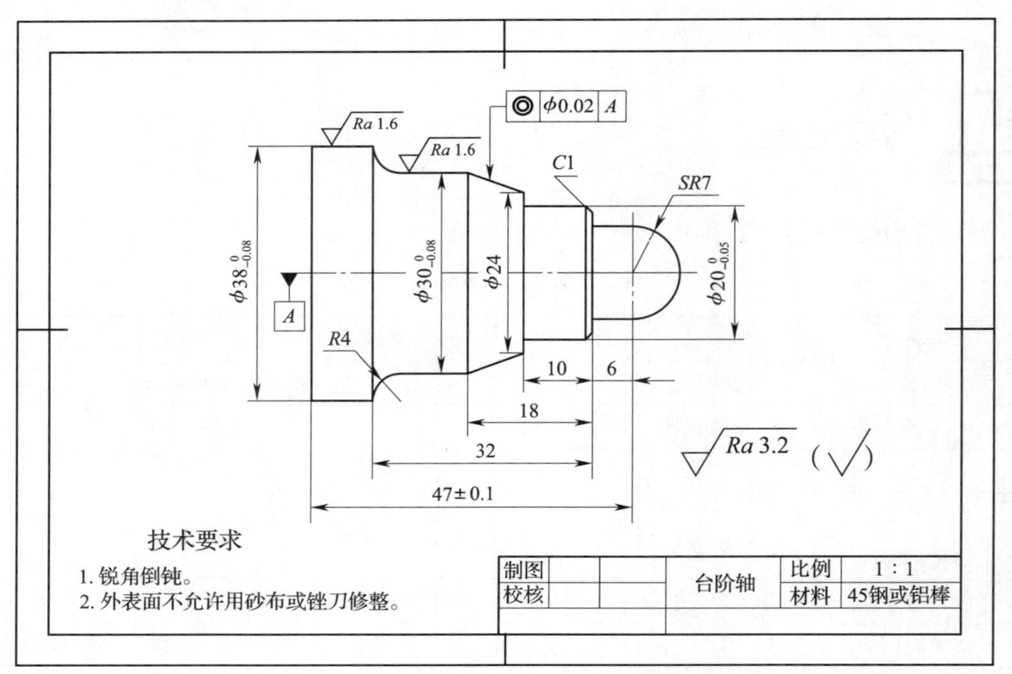

台阶轴零件图样

（1）分析零件图样，写出加工台阶轴零件的定位基准，以及主要元素的定形尺寸和定位尺寸。

（2）在下表中写出台阶轴的主要加工尺寸、几何公差要求及表面质量要求，并进行相应的尺寸公差计算，为零件的编程做准备。

序号	项目	内容	偏差范围
1	主要加工尺寸	$\phi38_{-0.08}^{0}$ mm	ϕ（37.92～38.00）mm
2			
3			
4			
5			
6			
7			
8			
9			
10			
11			
12			
13	几何公差要求		
14	表面质量要求		

（3）要加工该零件，毛坯的形状尺寸应如何选择？

(4) 如图所示是台阶轴零件实体，试说明台阶轴作为单向控制阀的阀芯零件，其起密封作用的部位在哪里。密封部位有什么技术要求，加工中用什么样的夹具才能保证精度?

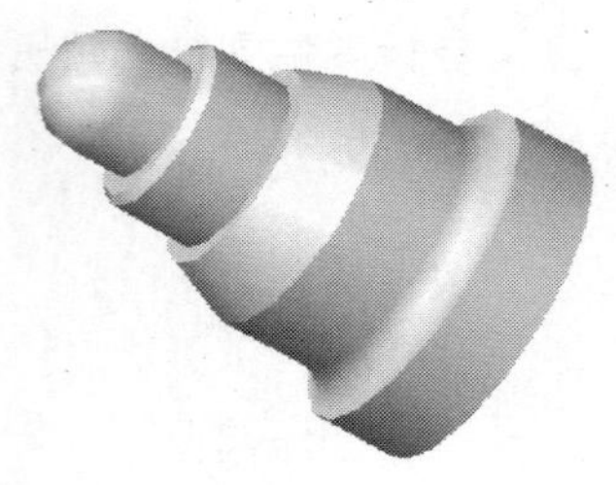

台阶轴零件实体

(5) 零件图对圆锥面有同轴度要求 ◎ | $\phi 0.02$ | A，查阅资料，说明可采取哪些工艺措施来保证同轴度要求。

2. 制定台阶轴加工工艺卡

试结合所学普通车床加工工艺知识，制定台阶轴的加工工艺卡，并明确我校数控车工组需要完成的任务。

台阶轴加工工艺卡

<table>
<tr><td rowspan="2">单位名称</td><td rowspan="2"></td><td colspan="3">产品名称</td><td colspan="2"></td><td>图号</td><td></td></tr>
<tr><td colspan="3">零件名称</td><td></td><td>数量</td><td></td><td>第　页</td></tr>
<tr><td>材料种类</td><td></td><td>材料牌号</td><td colspan="2"></td><td>毛坯尺寸</td><td colspan="2"></td><td>共　页</td></tr>
<tr><td rowspan="2">工序号</td><td rowspan="2">工序内容</td><td rowspan="2">车间</td><td rowspan="2">设备</td><td colspan="3">工具</td><td rowspan="2">计划工时</td><td rowspan="2">实际工时</td></tr>
<tr><td>夹具</td><td>量具</td><td>刃具</td></tr>
<tr><td>1</td><td></td><td></td><td></td><td></td><td></td><td></td><td></td><td></td></tr>
<tr><td>2</td><td></td><td></td><td></td><td></td><td></td><td></td><td></td><td></td></tr>
</table>

续表

工序号	工序内容	车间	设备	工具			计划工时	实际工时
				夹具	量具	刃具		
3								
4								
5								
6								
更改号		拟定		校正		审核		批准
更改者								
日期								

三、数控加工工艺分析

1．结合《数控车床编程与模拟加工》中所学内容，明确数控车削该台阶轴的相关工艺信息。

（1）选择加工该台阶轴的设备，并写出机床牌号。

（2）确定加工台阶轴的定位基准和装夹方式。

（3）确定台阶轴零件的加工顺序和加工路线。

（4）根据台阶轴加工内容，完成台阶轴加工的车削刀具卡。

台阶轴加工的车削刀具卡

<table>
<tr><td colspan="2">产品名称或代号</td><td></td><td>零件名称</td><td></td><td>零件图号</td><td></td></tr>
<tr><td>刀具号</td><td colspan="2">刀具名称</td><td>数量</td><td>加工内容</td><td>刀尖半径（mm）</td><td>刀具规格（mm×mm）</td></tr>
<tr><td></td><td colspan="2"></td><td></td><td></td><td></td><td></td></tr>
<tr><td></td><td colspan="2"></td><td></td><td></td><td></td><td></td></tr>
<tr><td></td><td colspan="2"></td><td></td><td></td><td></td><td></td></tr>
<tr><td></td><td colspan="2"></td><td></td><td></td><td></td><td></td></tr>
<tr><td></td><td colspan="2"></td><td></td><td></td><td></td><td></td></tr>
<tr><td></td><td colspan="2"></td><td></td><td></td><td></td><td></td></tr>
<tr><td></td><td colspan="2"></td><td></td><td></td><td></td><td></td></tr>
<tr><td>编制</td><td></td><td>审核</td><td></td><td>批准</td><td>第　页</td><td>共　页</td></tr>
</table>

2. 根据工艺分析，结合普通车床加工经验，小组讨论制定台阶轴数控加工工序卡。

台阶轴数控加工工序卡

单位名称		产品名称或代号		零件名称		零件图号	
工序号	程序编号	夹具名称		使用设备		车间	
工步号	工步内容	刀具号	刀具规格（mm）	主轴转速（r/min）	进给速度（mm/min）	背吃刀量（mm）	备注
编制		审核		批准		共　页	第　页

四、编制程序

1. 根据零件图样确定编程原点并在下图中标出。

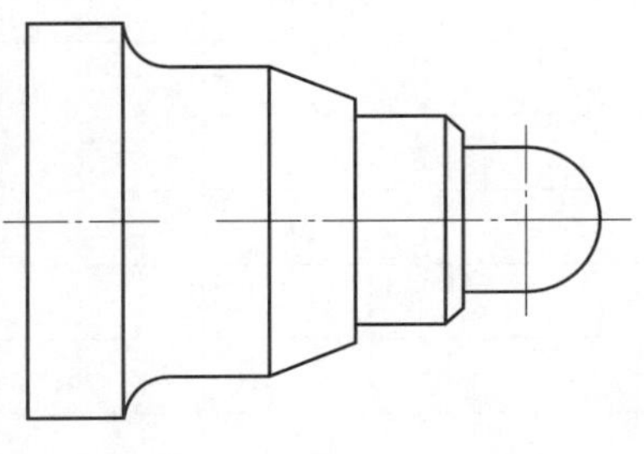

台阶轴加工编程原点

2. 对台阶轴零件进行编程前的数学处理，并标注图中各点的坐标。

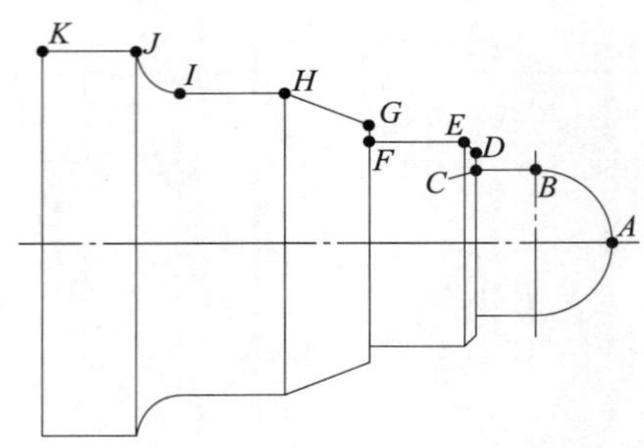

台阶轴各点的坐标

3. 编制台阶轴零件的数控车削程序，应选用什么循环指令？写出所选循环指令的格式。

4. 根据零件加工步骤及编程分析，小组讨论完成台阶轴零件数控车削程序的编制。

台阶轴零件数控车削程序

程序段号	台阶轴零件	O0001;
	加工程序	程序说明
N5		
N10		
N15		
N20		
N25		
N30		
N35		
N40		
N45		
N50		
N55		
N60		
N65		

续表

程序段号	台阶轴零件	O0001；
	加工程序	程序说明
N70		
N75		
N80		
N85		
N90		
N95		
N100		
N105		
N110		
N115		
N120		
N125		
N130		
N135		
N140		
N145		

5. 通过仿真软件验证零件的车削程序，纠正程序中不合理的地方。

学习活动2　数控车床简单操作的认知

学习目标

1. 能描述数控车床的组成、结构、功能，指出数控车床面板各部分的名称和作用。

2. 能通过教师示范操作、讲解，学会数控车床的基本操作方法。

3. 能将编制好的加工程序，正确输入数控车床，并运用数控车床上的编辑、修改和替代功能，进行加工程序的修改。

4. 能根据管理规定要求，对数控设备进行日常维护和保养。

建议学时　8学时

学习过程

一、认识数控车床

在教师的带领下参观数控加工生产现场，通过参观来认识数控车床。在参观过程中，应认真仔细地观察数控车床加工过程，比较数控车床与普通车床的不同之处，深入了解数控车床加工的内容、加工特点、数控车床种类等基本知识，同时体验数控车床加工的工作氛围，为进一步学习数控车床的操作做准备。

1. 什么是数控技术？与普通机床相比，数控机床主要具有哪些特点？数控车床主要能完成哪些项目的加工？

2. 当今世界上数控系统的种类及规格繁多，试查阅资料，列出常用数控车床系统的品牌、型号及市场价格。目前，国内主流的数控车床系统有哪些？我校使用的数控车床系统是什么型号的？

序号	1	2	3	4
品牌				
型号				
市场价格				
图示				

3. 认识数控车床的结构，写出数控车床上对应位置的结构名称。

(1) ________________;

(2) ________________;

(3) ________________;

(4) ________________;

(5) ________________;

(6) ________________;

(7) ________________;

(8) ________________;

(9) ________________;

(10) ________________;

(11) ________________。

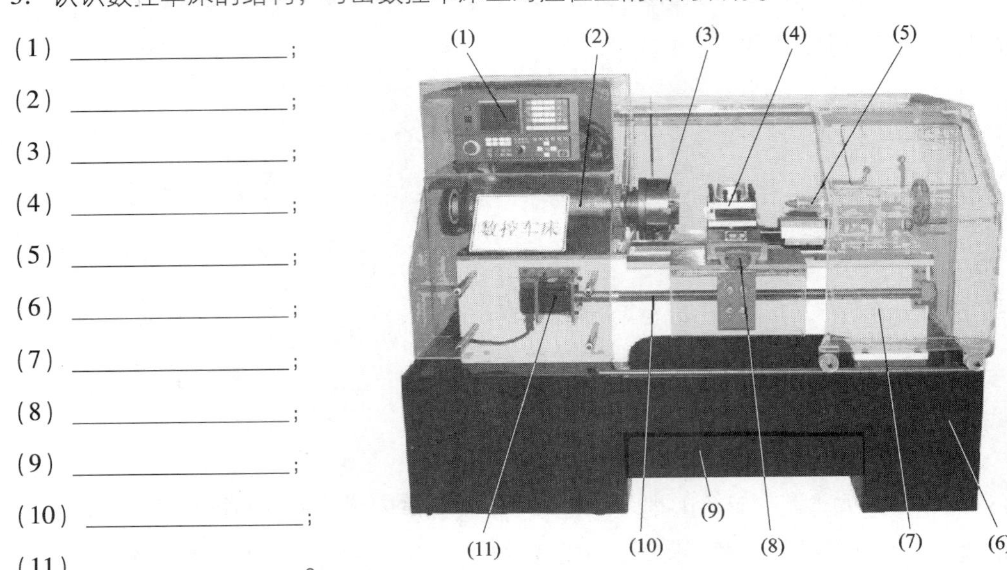

二、认识数控车床面板

不同类型的数控车床配备的数控系统不尽相同，面板功能和布局也各不一样。因此，在操作设备前，要仔细阅读编程与操作说明书，认识数控车床面板上各功能键的名称和功能。下图所示为 FANUC 0i 系统的数控车床面板，它由数控系统操作面板和机床操作面板两部分组成。

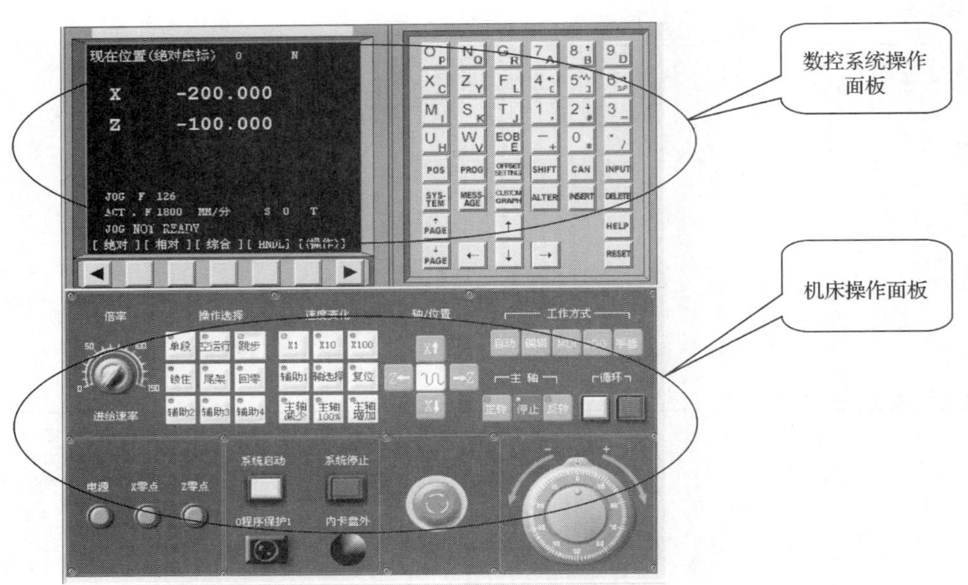

典型的 FANUC 0i 系统数控车床面板

1. 认识数控系统操作面板

（1）仔细阅读编程与操作说明书，说明 FANUC 0i 数控系统操作面板由哪几部分组成，并填在图中。我校所用数控系统的操作面板是否也由这几部分组成，有哪些区别？

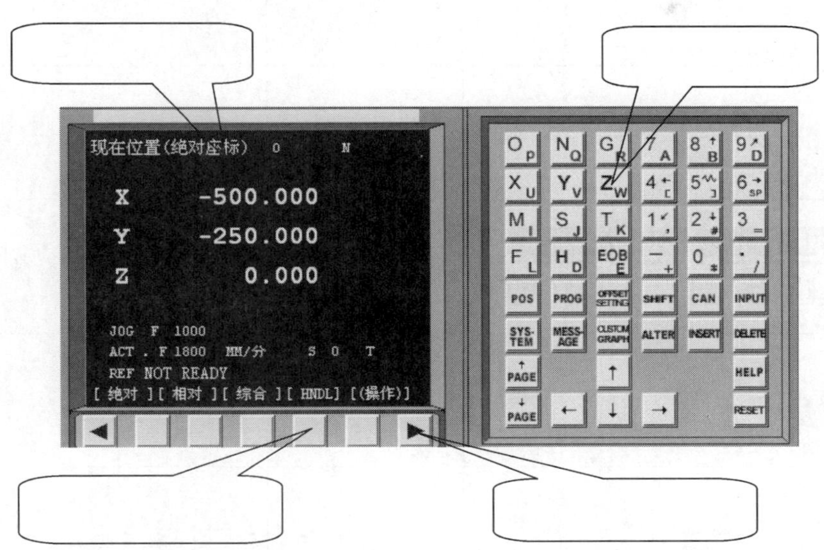

FANUC 0i 数控系统操作面板

（2）查阅编程与操作说明书，认识 FANUC 0i 数控系统操作面板上各按键的名称及功能，并填在下表中。

FANUC 0i 数控系统操作面板上各按键的名称及功能

功能键图标	名称	功能说明
O P　N Q　G R　7 A　8 B　9 D X U　Y V　Z W　4 [　5]　6 SP M I　S J　T K　1 ,　2 #　3 = F L　H D　EOB E　- +　0 *　. /		

续表

功能键图标	名称	功能说明
RESET		
HELP		
[绝对] [相对] [综合] [HNDL] [(操作)]		
SHIFT		
INPUT		
CAN		
ALTER		
INSERT		
DELETE		
POS		
PROG		

续表

功能键图标	名称	功能说明
OFFSET SETTNG		
CUSTOM GRAPH		
MESS-AGE		
SYS-TEM		
↑ ← ↓ →		
↓ PAGE　↑ PAGE		
EOB E		

（3）参观数控加工生产现场时，仔细观察我校采用的是不是 FANUC 0i 数控系统。如果不是，查阅相关资料，在下表中列写出我校所用数控系统操作面板上各按键的名称及功能。（可另附页）

数控系统操作面板上各按键的名称及功能

功能键图标	名称	功能说明

续表

功能键图标	名称	功能说明

2. 认识机床操作面板

（1）仔细阅读编程与操作说明书，说明下图所示 FANUC 0i 数控系统机床操作面板上各键的名称及功能，并填在下表中。

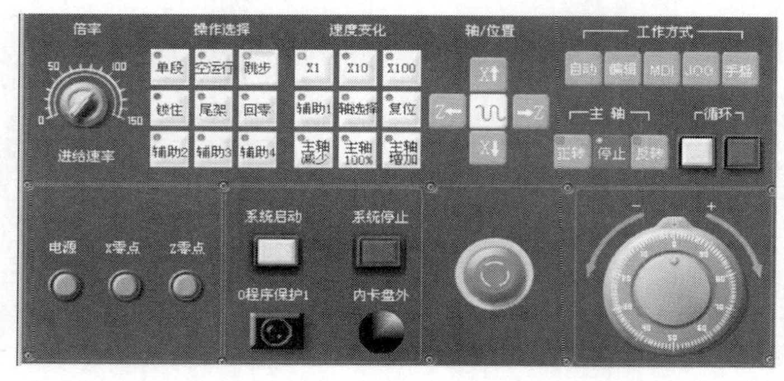

FANUC 0i 数控系统机床操作面板

FANUC 0i 数控系统机床操作面板上各键的名称及功能

功能键图标	名称	功能说明
单段		
空运行		
跳步		
锁住		
回零		
倍率 0 50 100 150 进给速率		
自动		
编辑		
MDI		
JOG		
手摇		

续表

功能键图标	名称	功能说明
X↑ Z← →Z X↓		
0程序保护1		
系统启动 系统停止		

（2）参观数控加工生产现场时，仔细观察我校采用的是不是相同的机床操作面板。如果不是，查阅相关资料，在下表中列写出我校所用数控机床操作面板上各键的名称及功能。(可另附页)

机床操作面板上各键的名称及功能

功能键图标	名称	功能说明

续表

功能键图标	名称	功能说明

三、数控车床基本操作

1．认真阅读下面的数控车加工注意事项，与普通车床加工注意事项相比，两者有哪些异同点？

数控车加工注意事项

（1）进入数控车削实训场地后，应服从安排，不得擅自启动或操作车床数控系统。

（2）机床工作前要有预热，要认真检查润滑系统工作是否正常，如机床长时间未开动，可先采用手动方式向各部分供油润滑。

（3）操作数控系统面板时，对各按键及开关的操作不得用力过猛，更不允许用扳手或其他工具操作数控系统面板。操作数控机床时，严禁两人同时操作。

（4）完成对刀后，要做模拟换刀试验，以防止正式操作时发生撞坏刀具、工件或设备等事故。

（5）自动运行加工时，操作者应集中注意力，左手手指放在程序停止按钮上，眼睛观察刀尖运动情况，右手控制修调开关，控制机床拖板运行速率，发现问题及时按下程序停止按钮，以确保刀具和数控机床安全，避免各类事故发生。

（6）加工过程中，应认真观察切削及冷却状况，确保机床、刀具的正常运行及工件的质量。关闭防护门以免铁屑、润滑油飞出。

（7）禁止用手接触刀尖和铁屑，清理铁屑必须使用铁钩子或毛刷。

（8）禁止用手或其他任何方式接触正在旋转的主轴、工件或其他运动部位。

（9）禁止加工过程中用棉丝擦拭工件、清扫机床。

（10）车床运转中，操作者不得离开岗位，机床发现异常现象应立即停车。

（11）在加工过程中，不允许打开机床防护门。

（12）在程序运行中需暂停测量工件尺寸时，要待机床完全停止、主轴停转后方可进行测量，以免发生人身事故。

（13）未经许可禁止打开电器箱。

（14）各手动润滑点必须按说明书要求润滑。

2. 进行数控车加工时要时刻注意安全文明生产，认真学习数控车加工安全文明生产规定，指出图片中存在哪些违反安全文明生产的现象，应怎样改进。

问题：________________________________

____

改进：________________________________

____

问题：________________________________

____

改进：________________________________

____

问题：________________________________

____

改进：________________________________

____

问题：________________________________

____

改进：________________________________

____

问题：________________________________

____

改进：________________________________

____

问题：________________________________

____

改进：________________________________

____

3．操作数控车床是一个系统过程，主要包括开机回零、工件与刀具的装夹、对刀、程序输入、空运行模拟、零件加工、测量补偿、保养机床等，熟练掌握上述基本操作方法是数控操作工的必备技能。在教师的指导下，认真学习数控车床的基本操作，并完成下表。

数控车床基本操作内容及具体步骤

基本操作内容	操作步骤	注意事项
开机回零		

续表

基本操作内容	操作步骤	注意事项
装两把刀 （外圆车刀、切断刀）		
对两把刀 （外圆车刀、切断刀）		
建立新程序 （O××××）		
机床空运行模拟		

4. 操作练习

（1）在手摇（HANDLE）或手动（JOG）切削状态下，车削加工下图所示的简单零件（车削时以每次直径方向 1 mm 来逐次练习），工件材料为 ϕ50 mm × 90 mm 铝棒，完成后回答以下问题。

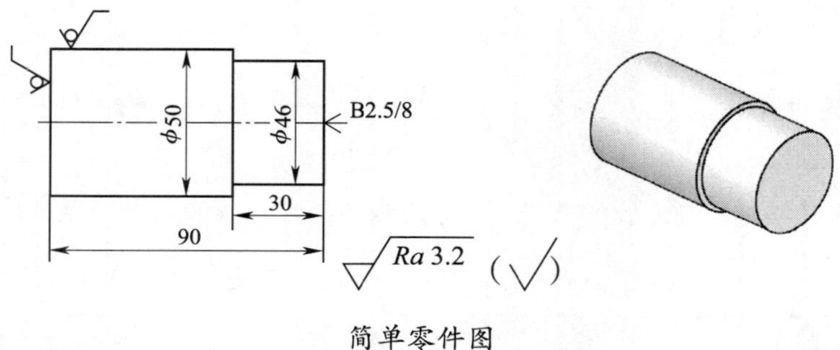

简单零件图

1）在车削中，由于受到切削力的作用，工件往三爪卡盘方向退缩，试分析原因并说明预防措施。

2）在车削中，由于受到切削力的作用，外圆车刀产生歪斜，试分析原因并说明预防措施。

3）如果零件外圆尺寸精度为 ±0.3 mm，应用什么量具来测量？当测量零件外圆尺寸 ϕ46 mm 为 ϕ46.75 mm 时，接下来该怎么办？

（2）将小组讨论并修改完善后的台阶轴数控车削程序正确输入数控车床，记录程序输入过程中遇到的问题。

学习活动3　台阶轴的数控车加工

学习目标

1. 能根据台阶轴零件图样，查阅相关资料，确定符合加工要求的工、量、夹具及辅件。

2. 能根据台阶轴加工要求，运用规范对刀方法，正确建立工件坐标系。

3. 能描述切削液的种类和应用场合，正确选择本次任务所需的切削液。

4. 能正确输入台阶轴数控车加工程序，熟练运用数控车床上的编辑、修改和替代功能调试台阶轴加工程序，并解决在此过程中出现的简单报警。

5. 能在台阶轴加工过程中，严格按照数控车床操作规程操作机床。

6. 能根据切削状态调整切削用量，保证正常切削，并适时检测，保证台阶轴加工精度。

7. 能在教师的指导下解决数控加工中的常见问题。

8. 能按车间现场6S管理和产品工艺流程的要求，正确规范地保养机床，进行产品交接并规范填写交接班记录表。

建议学时　12学时

学习过程

一、加工准备

1. 领取工、量、刃具

填写工、量、刃具清单，并领取工、量、刃具。

工、量、刃具清单

序号	名称	规格	数量	备注
1				
2				
3				
4				
5				
6				
7				
8				
9				
10				
11				
12				

2. 领取毛坯料

领取毛坯料，并测量毛坯外形尺寸，判断毛坯是否有足够的加工余量。

3. 选择切削液

根据加工对象及所用刀具，选择本次加工所用切削液。

4. 开机准备

（1）写出开机后的主要检查及准备工作（如给相关部位加油、检查油标等）。

（2）写出零件自动加工前，需要完成的准备工作（如回参考点、装夹刀具等）。

（3）车刀安装得正确与否，将直接影响切削能否顺利进行和工件的加工质量。查阅资料，说明安装车刀时应注意哪些问题。

（4）在数控车床操作过程中，有两项重要的操作内容，即工件坐标系的设置与刀具补偿值（刀偏量）的设置。在多数情况下，这两项操作合并为一项进行，俗称“对刀”。对刀是数控加工中较为复杂的工艺准备工作之一，其实质就是通过具体的操作，在固定的机床坐标系的基础上，建立毛坯、刀具和编程坐标之间的关系。对刀的正确与否将直接影响到数控车床的正常运行，对刀操作的准确性将直接影响到加工零件的尺寸精度。因此，作为数控车操作人员必须掌握对刀的正确操作方法及相关内容。

1）数控车刀的刀位点是什么？如何确定？

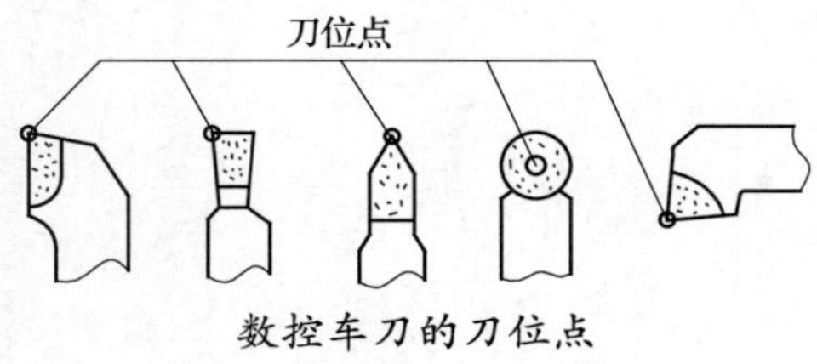

数控车刀的刀位点

2）常用的对刀方法有哪些？各有何特点？

3）90°外圆车刀在数控车床上实现对刀操作的具体步骤是怎样的？

（5）要实现台阶轴的自动加工，首先要输入已编制好的台阶轴数控车削程序，并校验是否有误。试查阅相关资料，明确数控程序输入与校验的具体操作步骤及注意事项。

1）将数控车削加工程序输入数控车床的方法有哪几种？利用面板输入程序时应注意哪些事项？

2）数控车床刀具运动轨迹的控制是由加工程序实现的，如果程序中出现字符错误、格式错误等问题，轻则引起报警或影响零件加工质量，严重时还会造成人身和机床事故，因此，程序输入后应进行程序校验。如何进行程序校验？主要校验哪些方面？

3）程序校验时，产生以下报警的原因是什么？应该如何解决？

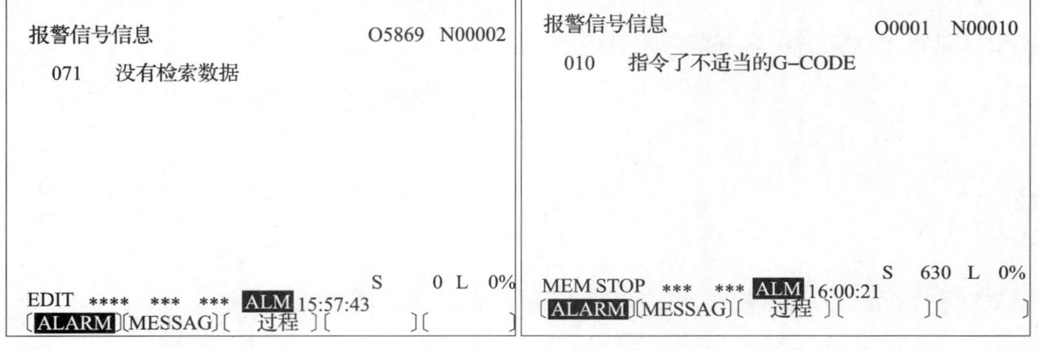

二、零件加工

1. 按照数控车床操作安全规程检查各项均符合要求后，送电开机。
2. 按正确操作顺序，进行回机床参考点操作。
3. 正确装夹工件，并对其进行找正。
4. 正确装夹刀具，确保刀具牢固可靠，并设定主轴转速（500 r/min）。
5. 对刀

记录 3 次对刀时每次的对刀数据，并说明对刀数据有区别的原因。

对刀次数	X 轴对刀数据	Z 轴对刀数据
第 1 次		
第 2 次		
第 3 次		

对刀数据有区别的原因：

6. 程序输入与校验

（1）输入台阶轴数控车削加工程序，利用数控车床的模拟检验功能，检查程序编写中的错误，小组讨论修改并完善零件加工程序。

（2）记录程序输入时产生的报警号，并说明产生报警的原因及解决办法。

报警号	报警内容	报警原因	解决办法

7. 自动加工

（1）为了保证零件加工精度，在粗加工后检测零件各部分的尺寸，记录并确定补偿值。

序号	直径测量数据	补偿数据 （X 轴磨耗）	长度测量数据	补偿数据 （Z 轴磨耗）

（2）加工中注意观察刀具的切削情况，记录加工中不合理的因素，以便于纠正，提高工作效率（例如，切削用量、加工路径是否合理，刀具是否有干涉等）。

台阶轴加工中遇到的问题

问题	产生原因	预防措施或改进方法

三、保养机床、清理场地

加工完毕后，按照图样要求进行自检，正确放置零件，并进行产品交接确认；按照国家环保相关规定和车间要求整理现场，清扫切屑，保养机床，并正确处置废油液等废弃物；按车间规定填写交接班记录和设备日常保养记录卡（见附表）。

学习活动 4　台阶轴的检验与质量分析

学习目标

1. 能根据台阶轴图样，合理选择检验工具和量具。

2. 能正确规范地使用工、量具对台阶轴进行检验，并对工、量具进行保养和维护。

3. 能根据台阶轴的测量结果，分析误差产生的原因，并提出修改意见。

4. 能按检验室管理要求，正确放置检验用的工、量具。

建议学时　4 学时

学习过程

一、明确测量要素，领取检测用工、量具

1. 台阶轴上有哪些要素需要测量?

2. 根据台阶轴需要测量的要素，写出检测台阶轴所需的工、量具，并填入表中。

检测台阶轴所需的工、量具

序号	名称	规格（精度）	检测内容	备注
1				
2				
3				
4				
5				
6				
7				

二、检测零件，填写台阶轴零件质量检验单

1. 根据图样要求，自检台阶轴零件，并完成质量检验单。

台阶轴零件质量检验单

项目	序号	内容	检测结果	结论
外圆	1	$\phi 38_{-0.08}^{0}$ mm		
	2	$\phi 30_{-0.08}^{0}$ mm		
	3	$\phi 20_{-0.05}^{0}$ mm		
	4	$\phi 24$ mm		
长度	5	（47 ±0.1） mm		
	6	32 mm		
	7	18 mm		
	8	10 mm		
	9	6 mm		
球面	10	$SR7$ mm		
圆弧	11	$R4$ mm		
同轴度	12	◎ | $\phi 0.02$ | A		

续表

项目	序号	内容	检测结果	结论
表面质量	13	$Ra1.6\ \mu m$		
	14	$Ra3.2\ \mu m$		
倒角	15	C1 mm		
台阶轴检测结论				
产生不合格品的情况分析				

2. 案例分析 1：测得台阶轴外圆尺寸 $\phi38_{-0.08}^{0}$ mm 为 $\phi38.3$ mm 或 $\phi37.8$ mm，分析外圆尺寸 $\phi38_{-0.08}^{0}$ mm 偏大或偏小的原因，并判断零件能否返修。若能，提出返修方案。

3. 案例分析 2：测得台阶轴零件长度尺寸（47 ±0.1）mm 为 47.2 mm 或 46.7 mm，分析产生误差的原因，并判断零件能否返修。若能，提出返修方案。

三、提出工艺方案修改意见

对不合格项目进行分析，小组讨论提出工艺方案的修改意见。

不合格项目	产生原因	修改意见
尺寸不对		
圆弧曲线误差		
同轴度误差		
表面粗糙度达不到要求		

学习活动 5　工作总结与评价

学习目标

1. 能按照台阶轴加工综合评价表完成自评。

2. 能按分组情况，分别派代表展示台阶轴零件加工成果，说明本次任务的完成情况，并作分析总结。

3. 能结合自身任务完成情况，正确规范地撰写工作总结（心得体会）。

4. 能就本次任务中出现的问题，提出改进措施。

5. 能对学习与工作进行反思总结，并能与他人开展良好合作，进行有效沟通。

建议学时　2 学时

学习过程

一、自我评价

台阶轴加工综合评价表

工件编号		技术要求	配分	总得分		
项目	序号			评分标准	检测记录	得分
机床操作（25%）	1	正确开启机床、检查	5	不正确、不合理无分		
	2	机床返回参考点	5	不正确、不合理无分		
	3	程序的输入及修改	5	不正确、不合理无分		
	4	程序空运行轨迹检查	5	不正确、不合理无分		
	5	对刀的方式、方法	5	不正确、不合理无分		

续表

工件编号		技术要求	配分	总得分		
项目	序号			评分标准	检测记录	得分
程序与工艺（25%）	6	程序格式规范	5	不合格每处扣 1 分		
	7	程序正确、完整	10	不合格每处扣 2 分		
	8	工艺合理	10	不合格每处扣 2 分		
零件质量（40%）	9	$\phi38_{-0.08}^{0}$ mm	4	超差不得分		
	10	$\phi30_{-0.08}^{0}$ mm	4	超差不得分		
	11	$\phi20_{-0.05}^{0}$ mm	4	超差不得分		
	12	$\phi24$ mm	2	超差不得分		
	13	(47 ±0.1) mm	3	超差不得分		
	14	32 mm	2	超差不得分		
	15	18 mm	2	超差不得分		
	16	10 mm	2	超差不得分		
	17	6 mm	2	超差不得分		
	18	*SR*7 mm	3	超差不得分		
	19	*R*4 mm	3	超差不得分		
	20	◎ ϕ0.02 *A*	3	超差不得分		
	21	*Ra*1.6 μm	2	降级不得分		
	22	*Ra*3.2 μm	3	降级不得分		
	23	*C*1 mm	1	超差不得分		
安全文明生产（10%）	24	安全操作	5	不按安全操作规程操作全扣分		
	25	机床清理	5	不合格全扣分		
总配分			100			

二、展示评价（小组评价）

把个人制作好的台阶轴先进行分组展示，再由小组推荐代表作必要的介绍。在展示过程中，以组为单位进行评价；评价完成后，根据其他组成员对本组展示成果的评价意见进行归纳总结。完成如下项目：

1. 展示的台阶轴符合技术标准吗？

合格□　　不良□　　返修□　　报废□

2. 本小组介绍成果表达是否清晰？

很好□　　一般，常补充□　　不清晰□

3. 本小组演示的台阶轴检测方法操作正确吗？

正确□　　部分正确□　　不正确□

4. 本小组演示操作时遵循了“6S”的工作要求吗？

符合工作要求□　　忽略了部分要求□　　完全没有遵循□

5. 本小组的检测量具、量仪保养完好吗？

良好□　　一般□　　不合要求□

6. 本小组成员的团队创新精神如何？

良好□　　一般□　　不足□

三、教师评价

教师对展示的作品分别作评价。

1. 找出各组的优点进行点评。
2. 对展示过程中各组的缺点进行点评，提出改进方法。
3. 对整个任务完成中出现的亮点和不足进行点评。

四、总结提升

试结合自身任务完成情况，通过交流讨论等方式较全面规范地撰写本次任务的工作总结。

工作总结（心得体会）

评价与分析

学习任务一评价表

班级：__________ 学生姓名：__________ 学号：________

项目	自我评价			小组评价			教师评价		
	10～9	8～6	5～1	10～9	8～6	5～1	10～9	8～6	5～1
	占总评 10%			占总评 30%			占总评 60%		
学习活动 1									
学习活动 2									
学习活动 3									
学习活动 4									
学习活动 5									
表达能力									
协作精神									
纪律观念									
工作态度									
分析能力									
操作规范性									
任务总体表现									
小计									
总评									

任课教师：________ 年 月 日

学习任务二　子弹挂件的数控车加工

学习目标

1. 能按照数控加工车间安全防护规定，正确穿戴劳保用品，严格执行安全操作规程。

2. 能根据子弹挂件零件图样，制定子弹挂件加工工艺，填写子弹挂件的加工工艺卡。

3. 能合理制定子弹挂件的数控加工工艺路线，填写数控加工工序卡。

4. 能根据加工工艺，编制子弹挂件的数控车加工程序。

5. 能根据模拟加工的路径，进行程序优化。

6. 能独立完成子弹挂件的数控车加工任务。

7. 能在教师的指导下解决加工中出现的常见问题。

8. 能对子弹挂件进行正确的测量，评估与判断零件质量是否合格，并提出观赏性改进措施。

9. 能按车间现场6S管理的要求，整理现场，保养设备并填写保养记录。

10. 能主动获取有效信息，展示工作成果，对学习与工作进行反思总结，并能与他人开展良好合作，进行有效沟通。

建议学时

40学时

工作情境描述

某企业为庆祝成立十周年，用 $\phi20$ mm 的黄铜棒料定制了一批子弹挂件工艺饰品（见下图)，数量为 30 件，工期为 5 天。现生产主管部门安排数控车工组来完成此加工任务。

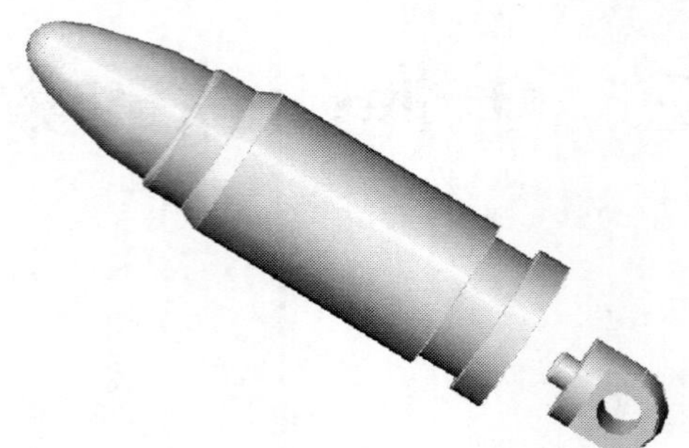

子弹挂件模型实体图

工作流程与活动

1. 子弹挂件加工工艺分析与编程
2. 子弹挂件的数控车加工
3. 子弹挂件的检验与质量分析
4. 工作总结与评价

学习活动 1　子弹挂件加工工艺分析与编程

学习目标

1. 能阅读生产任务单，明确工作任务，制订出合理的工作进度计划。

2. 能正确绘制子弹挂件零件图。

3. 能根据零件图样，填写子弹挂件的加工工艺卡。

4. 能根据加工工艺、子弹挂件材料和形状特征等选择刀具和刀具几何参数，并确定数控加工合理的切削用量。

5. 能根据工艺要求合理选择零件的装夹方式。

6. 能合理制定子弹挂件的数控加工工艺路线，并填写数控加工工序卡。

7. 能熟练运用圆弧插补指令和刀尖半径补偿指令等完成子弹挂件数控车加工程序的编制。

建议学时　12 学时

学习过程

一、阅读生产任务单

子弹挂件生产任务单

单位名称				完成时间	年　月　日
序号	产品名称	材料	生产数量	技术标准、质量要求	
1	子弹挂件	H68	30 件	按图样要求	
2					

续表

序号	产品名称	材料	生产数量	技术标准、质量要求		
3						
生产批准时间		年　月　日	批准人			
通知任务时间		年　月　日	发单人			
接单时间		年　月　日	接单人		生产班组	数控车工组

注：生产任务单与零件图样等一起领取。

1．仔细观察下面的子弹图片资料，描述子弹外形由哪些几何要素组成。

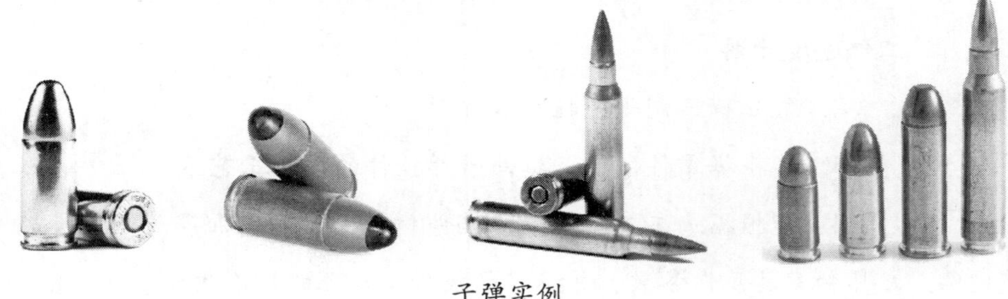

子弹实例

2．子弹通常是用什么材料制成的？本任务加工子弹挂件采用的是什么材料？查阅资料，写出这种材料的常用牌号，并说明所选牌号的含义。

3. 本生产任务工期为 5 天，试依据任务要求，制订合理的工作进度计划，并根据小组成员的特点进行分工。

序号	工作内容	时间	成员	负责人
1	工艺分析			
2	编制程序			
3	车削加工			
4	成品检验与质量分析			

二、分析图样，制定子弹挂件加工工艺卡

1. 识读子弹挂件零件图样

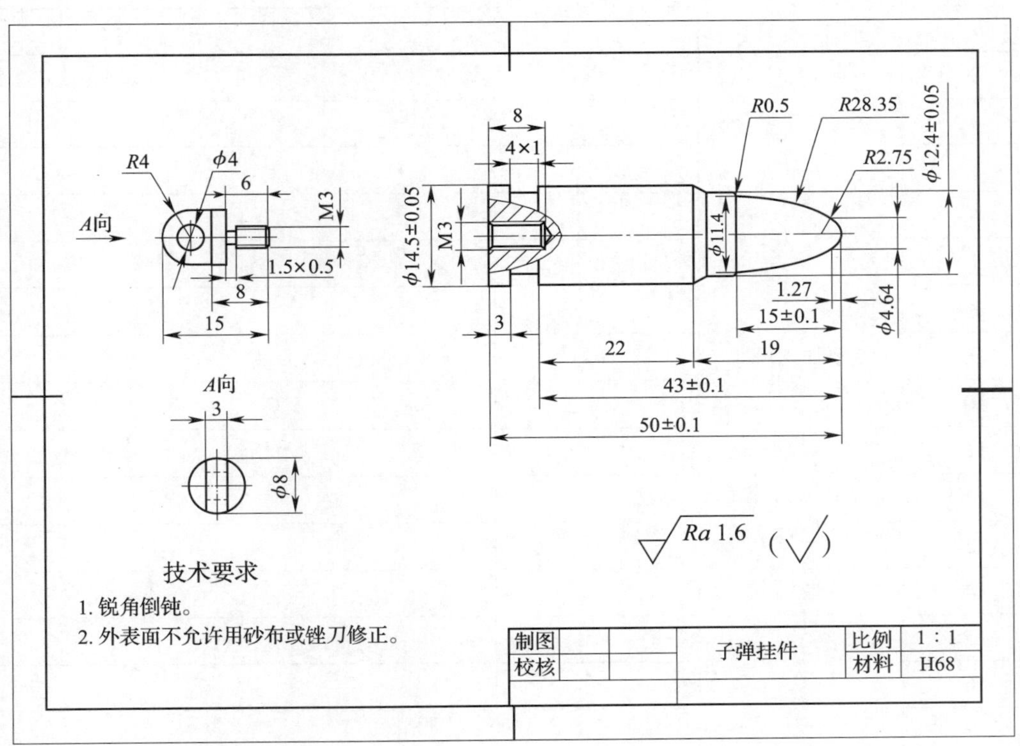

子弹挂件零件图样

（1）分析零件图样，写出加工子弹挂件零件的定位基准，以及主要元素的定形尺寸和定位尺寸。

（2）在下表中写出子弹挂件主要加工尺寸的公差及表面质量要求，并进行相应的尺寸公差计算，为零件的编程做准备。

序号	项目	内容	偏差范围
1	主要加工尺寸		
2			
3			
4			
5			
6			
7			
8			
9			
10			
11			
12			
13			
14			
15			
16			
17			
18	表面质量要求		

（3）查阅资料，表述圆弧连接的规定画法及尺寸标注方法，并举例说明。

（4）绘制子弹挂件零件图。

（5）要加工该零件，毛坯的形状尺寸应如何选择?

2. 制定子弹挂件加工工艺卡

试结合所学普通车床加工工艺知识，制定子弹挂件的加工工艺卡，并明确我校数控车工组需要完成的任务。

子弹挂件加工工艺卡

<table>
<tr><td rowspan="2">单位名称</td><td rowspan="2"></td><td colspan="2">产品名称</td><td colspan="2"></td><td>图号</td><td></td></tr>
<tr><td colspan="2">零件名称</td><td></td><td>数量</td><td></td><td>第　页</td></tr>
<tr><td>材料种类</td><td></td><td>材料牌号</td><td></td><td>毛坯尺寸</td><td colspan="2"></td><td>共　页</td></tr>
</table>

<table>
<tr><td rowspan="2">工序号</td><td rowspan="2">工序内容</td><td rowspan="2">车间</td><td rowspan="2">设备</td><td colspan="3">工具</td><td rowspan="2">计划工时</td><td rowspan="2">实际工时</td></tr>
<tr><td>夹具</td><td>量具</td><td>刃具</td></tr>
<tr><td>1</td><td></td><td></td><td></td><td></td><td></td><td></td><td></td><td></td></tr>
<tr><td>2</td><td></td><td></td><td></td><td></td><td></td><td></td><td></td><td></td></tr>
<tr><td>3</td><td></td><td></td><td></td><td></td><td></td><td></td><td></td><td></td></tr>
<tr><td>4</td><td></td><td></td><td></td><td></td><td></td><td></td><td></td><td></td></tr>
<tr><td>5</td><td></td><td></td><td></td><td></td><td></td><td></td><td></td><td></td></tr>
<tr><td>6</td><td></td><td></td><td></td><td></td><td></td><td></td><td></td><td></td></tr>
<tr><td>7</td><td></td><td></td><td></td><td></td><td></td><td></td><td></td><td></td></tr>
</table>

更改号		拟定	校正	审核	批准
更改者					
日期					

三、数控加工工艺分析

1. 确定加工子弹挂件零件的定位基准和测量基准。

2. 在加工子弹挂件零件时应采取什么样的装夹方法?

3. 根据子弹挂件零件图样，说明加工内容及对应的加工刀具，并填在表中。

子弹挂件加工内容及对应刀具

序号	加工内容	对应刀具
1		
2		
3		
4		
5		
6		
7		
8		

4. 根据子弹挂件加工内容，完成子弹挂件加工的车削刀具卡。

子弹挂件加工的车削刀具卡

<table>
<tr><td colspan="2">产品名称或代号</td><td></td><td>零件名称</td><td></td><td>零件图号</td><td></td></tr>
<tr><td>刀具号</td><td colspan="2">刀具名称</td><td>数量</td><td>加工内容</td><td>刀尖半径(mm)</td><td>刀具规格(mm × mm)</td></tr>
<tr><td></td><td colspan="2"></td><td></td><td></td><td></td><td></td></tr>
<tr><td></td><td colspan="2"></td><td></td><td></td><td></td><td></td></tr>
<tr><td></td><td colspan="2"></td><td></td><td></td><td></td><td></td></tr>
<tr><td></td><td colspan="2"></td><td></td><td></td><td></td><td></td></tr>
</table>

续表

刀具号	刀具名称	数量	加工内容		刀尖半径（mm）	刀具规格（mm × mm）
编制		审核	批准		第　页	共　页

5. 根据子弹挂件零件图样，小组讨论确定零件的加工步骤。

6. 根据上述分析，小组讨论制定子弹挂件数控加工工序卡。

子弹挂件数控加工工序卡

单位名称		产品名称或代号		零件名称		零件图号	
工序号	程序编号	夹具名称		使用设备		车间	
工步号	工步内容	刀具号	刀具规格（mm）	主轴转速（r/min）	进给速度（mm/min）	背吃刀量（mm）	备注
编制		审核		批准		共　页	第　页

四、编制程序

1．根据零件图样确定编程原点并在图中标出。

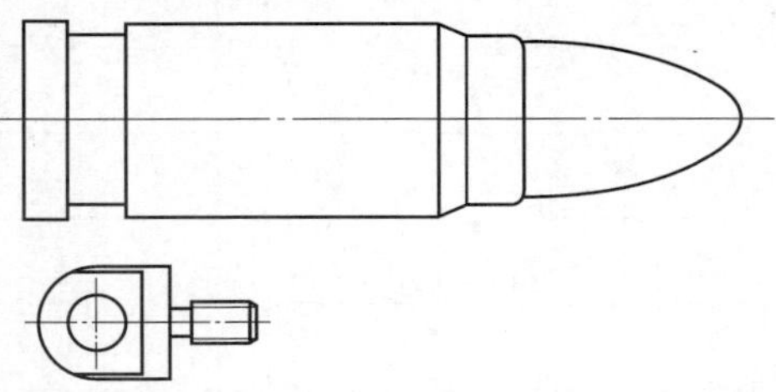

子弹挂件加工编程原点

2．分析零件图样，写出加工子弹挂件需要用到的 G 指令。

序号	选择的指令	指令格式
1		
2		
3		
4		
5		
6		

3．为什么在加工中采用恒线速切削可保证零件的美观度？

4．编写子弹挂件加工程序

（1）子弹挂件（大件）数控车加工程序

程序段号	子弹挂件（大件）	O0001；
	加工程序	程序说明
N5		
N10		
N15		

续表

程序段号	子弹挂件（大件）	O0001；
	加工程序	程序说明
N20		
N25		
N30		
N35		
N40		
N45		
N50		
N55		
N60		
N65		
N70		
N75		
N80		
N85		
N90		
N95		
N100		
N105		
N110		
N115		
N120		
N125		
N130		
N135		
N140		
N145		
N150		

续表

程序段号	子弹挂件（大件）	O0001；
	加工程序	程序说明
N155		
N160		
N165		
N170		
N175		
N180		

（2）子弹挂件（小件）数控车加工程序

程序段号	子弹挂件（小件）	O0002；
	加工程序	程序说明
N5		
N10		
N15		
N20		
N25		
N30		
N35		
N40		
N45		
N50		
N55		
N60		
N65		
N70		
N75		
N80		
N85		

续表

程序段号	子弹挂件（小件）	O0002;
	加工程序	程序说明
N90		
N95		
N100		
N105		
N110		
N115		
N120		
N125		
N130		
N135		
N140		
N145		
N150		
N155		
N160		
N165		
N170		
N175		
N180		
N185		
N190		
N195		
N200		
N205		
N210		
N215		
N220		

续表

程序段号	子弹挂件（小件）	O0002；
	加工程序	程序说明
N225		
N230		
N235		
N240		
N245		
N250		

5．通过仿真软件验证零件的车削程序，记录并纠正程序中不合理的地方。

学习活动2　子弹挂件的数控车加工

学习目标

1. 能根据子弹挂件零件图样，确定符合加工要求的工、量、夹具及辅件。

2. 能按图样要求，测量毛坯外形尺寸，判断毛坯是否有足够的加工余量。

3. 能正确装夹工件，并对其进行找正。

4. 能正确规范地装夹数控车刀，并运用适当的对刀方法正确对刀。

5. 能正确选择本次任务所需的切削液。

6. 能正确输入零件的加工程序，应用数控车床的模拟检验功能，检查程序编写中的错误，并对程序进行优化。

7. 能在子弹挂件加工过程中，严格按照数控车床操作规程操作机床。

8. 能根据切削状态调整切削用量，保证正常切削，并适时检测，保证子弹挂件加工精度。

9. 能独立解决加工中出现的程序报警及机床简单故障。

10. 能按车间现场6S管理和产品工艺流程的要求，正确规范地保养机床，进行产品交接并规范填写交接班记录表。

建议学时　20学时

学习过程

一、加工准备

1. 领取工、量、刃具

填写工、量、刃具清单，并领取工、量、刃具。

工、量、刃具清单

序号	名称	规格	数量	备注
1				
2				
3				
4				
5				
6				
7				
8				
9				
10				

2. 领取毛坯料

领取毛坯料，并测量毛坯外形尺寸，判断毛坯是否有足够的加工余量。

3. 选择切削液

根据加工对象及所用刀具，选择本次加工用的切削液。

4．开机准备

（1）根据普通车床的加工经验，说明外圆车刀和车槽刀安装的注意事项和正确对刀方法。

（2）为了保证子弹挂件的加工精度，粗加工后需要测量补偿，试说明调整刀补数据的操作过程。

（3）子弹挂件上有 M3 的内螺纹，其孔径较小，无法镗孔。试查阅资料，说明应用什么方法加工螺纹，螺纹的底孔是多大。

二、零件加工

1．按照数控车床操作安全规程检查各项均符合要求后，送电开机。

2．按正确操作顺序，进行回机床参考点操作。

3．正确装夹工件，并对其进行找正。

4. 对照刀具卡安装刀具，确保刀具号对应、位置尺寸正确、牢固可靠，并设定主轴转速（500 r/min）。

5. 按加工先后次序，采用试切法正确对刀。

6. 程序输入与校验

（1）输入并调试子弹挂件数控车加工程序。

（2）记录程序输入时产生的报警号，并说明产生报警的原因及解决办法。

报警号	报警内容	报警原因	解决办法

7. 自动加工

（1）为了保证零件加工精度，在粗加工后检测零件各部分的尺寸，记录并确定补偿值。

序号	直径测量数据	补偿数据（X 轴磨耗）	长度测量数据	补偿数据（Z 轴磨耗）

（2）加工中注意观察刀具的切削情况，记录加工中不合理的因素，以便于纠正，提高工作效率（例如，切削用量、加工路径是否合理，刀具是否有干涉等）。

子弹挂件加工中遇到的问题

问题	产生原因	预防措施或改进方法

三、保养机床、清理场地

加工完毕后，按照图样要求进行自检，正确放置零件，并进行产品交接确认；按照国家环保相关规定和车间要求整理现场，清扫切屑，保养机床，并正确处置废油液等废弃物；按车间规定填写交接班记录和设备日常保养记录卡（见附表）。

学习活动3　子弹挂件的检验与质量分析

学习目标

1. 能根据子弹挂件图样，合理选择检验工具和量具，确定检测方法。

2. 能采用多种方法检测圆弧面。

3. 能正确规范地使用工、量具对子弹挂件进行检验，并对工、量具进行合理保养和维护。

4. 能根据子弹挂件的测量结果，分析误差产生的原因，并提出修改意见。

5. 能按检验室管理要求，正确放置检验用工、量具。

建议学时　6学时

学习过程

一、明确测量要素，领取检测用工、量具

1. 子弹挂件零件上有哪些要素需要测量?

2. 测量圆弧尺寸的方法有很多种，如下图所示。本任务中宜选用哪种方法来测量子弹挂件的圆弧尺寸?

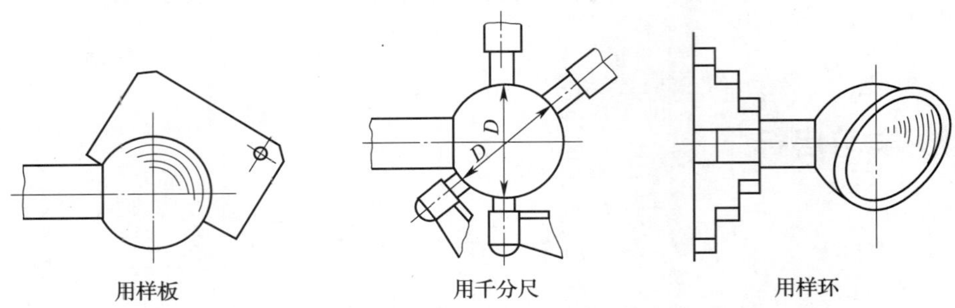

用样板　　用千分尺　　用样环

3. 根据子弹挂件需要测量的要素，写出检测子弹挂件所需的工、量具，并填入表中。

检测子弹挂件所需的工、量具

序号	名称	规格（精度）	检测内容	备注
1				
2				
3				
4				
5				
6				
7				

二、检测零件，填写子弹挂件零件质量检验单

1. 根据图样要求，自检子弹挂件零件，并完成质量检验单。

子弹挂件零件质量检验单

项目	序号	内容	检测结果	结论
外圆	1	ϕ（14.5 ±0.05）mm		
	2	ϕ（12.4 ±0.05）mm		
	3	ϕ11.4 mm		

续表

项目	序号	内容	检测结果	结论
内孔	4	ϕ4 mm（小件）		
长度	5	(50 ±0.1) mm		
	6	(43 ±0.1) mm		
	7	(15 ±0.1) mm		
	8	15 mm（小件）		
	9	3 mm、8 mm、 22 mm、19 mm		
	10	6 mm、8 mm（小件）		
外沟槽	11	4 mm ×1 mm		
	12	1.5 mm ×0.5 mm（小件）		
圆弧	13	*R*28.35 mm		
	14	*R*2.75 mm		
	15	*R*4 mm（小件）		
螺纹	16	M3 内螺纹		
	17	M3 外螺纹（小件）		
表面质量	18	*Ra*1.6 μm		
其他	19	ϕ4.64 mm、1.27 mm		
子弹挂件检测结论				
产生不合格品的情况分析				

2. 案例分析 1：加工中 M3 螺纹出现烂牙现象，试分析原因并提出解决方法。

3．案例分析 2：子弹挂件外表面不光洁，表面粗糙度值较大，试分析原因并提出解决方法。

三、提出工艺方案修改意见

对不合格项目进行分析，小组讨论提出工艺方案修改意见。

不合格项目	产生原因	修改意见
尺寸不对		
圆弧连接不光滑		
表面粗糙度达不到要求		
螺纹旋合不好或旋不到底		
装配后，小件与大件的直线度不好		

学习活动4　工作总结与评价

学习目标

1. 能按照子弹挂件加工综合评价表完成自评。

2. 能按分组情况，分别派代表展示子弹挂件零件加工成果，说明本次任务的完成情况，并作分析总结。

3. 能结合自身任务完成情况，正确规范地撰写工作总结（心得体会）。

4. 能就本次任务中出现的问题，提出改进措施。

5. 能对学习与工作进行反思总结，并能与他人开展良好合作，进行有效沟通。

建议学时　2学时

学习过程

一、自我评价

子弹挂件加工综合评价表

工件编号		技术要求	配分	总得分		
项目	序号			评分标准	检测记录	得分
机床操作（25%）	1	正确开启机床、检查	5	不正确、不合理无分		
	2	机床返回参考点	5	不正确、不合理无分		
	3	程序的输入及修改	5	不正确、不合理无分		
	4	程序空运行轨迹检查	5	不正确、不合理无分		
	5	对刀的方式、方法	5	不正确、不合理无分		

续表

工件编号		技术要求	配分	总得分		
项目	序号			评分标准	检测记录	得分
程序与工艺（25%）	6	程序格式规范	5	不合格每处扣 1 分		
	7	程序正确、完整	10	不合格每处扣 2 分		
	8	工艺合理	10	不合格每处扣 2 分		
零件质量（40%）	9	ϕ（14.5 ±0.05）mm	2	超差不得分		
	10	ϕ（12.4 ±0.05）mm	2	超差不得分		
	11	ϕ11.4 mm	2	超差不得分		
	12	ϕ4 mm（小件）	3	超差不得分		
	13	（50 ±0.1）mm	3	超差不得分		
	14	（43 ±0.1）mm	3	超差不得分		
	15	（15 ±0.1）mm	3	超差不得分		
	16	15 mm（小件）	2	超差不得分		
	17	3 mm、8 mm、22 mm、19 mm	2	超差不得分		
	18	6 mm、8 mm（小件）	1	超差不得分		
	19	4 mm ×1 mm	1	超差不得分		
	20	1.5 mm ×0.5 mm（小件）	1	超差不得分		
	21	R28.35 mm	3	超差不得分		
	22	R2.75 mm	3	超差不得分		
	23	R4 mm（小件）	2	超差不得分		
	24	M3 内螺纹	2	超差不得分		
	25	M3 外螺纹（小件）	2	超差不得分		
	26	Ra1.6 μm	2	降级不得分		
	27	ϕ4.64 mm、1.27 mm	1	超差不得分		
安全文明生产（10%）	28	安全操作	5	不按安全操作规程操作全扣分		
	29	机床清理	5	不合格全扣分		
总配分			100			

二、展示评价（小组评价）

把个人制作好的子弹挂件先进行分组展示，再由小组推荐代表作必要的介绍。在展示过程中，以组为单位进行评价；评价完成后，根据其他组成员对本组展示成果的评价意见进行归纳总结。完成如下项目：

1．展示的子弹挂件符合技术标准吗？

合格□　　不良□　　返修□　　报废□

2．本小组介绍成果表达是否清晰？

很好□　　一般，常补充□　　不清晰□

3．本小组演示的子弹挂件检测方法操作正确吗？

正确□　　部分正确□　　不正确□

4．本小组演示操作时遵循了“6S”的工作要求吗？

符合工作要求□　　忽略了部分要求□　　完全没有遵循□

5．本小组的检测量具、量仪保养完好吗？

良好□　　一般□　　不合要求□

6．本小组成员的团队创新精神如何？

良好□　　一般□　　不足□

三、教师评价

教师对展示的作品分别作评价。

1．找出各组的优点进行点评。

2．对展示过程中各组的缺点进行点评，提出改进方法。

3．对整个任务完成中出现的亮点和不足进行点评。

四、总结提升

1．数控车刀按结构不同可分为整体式车刀、焊接式车刀和机械夹固式车刀三大类。查阅资料，说明这三大类车刀的常用材料、特点和应用场合。在加工子弹挂件时，你选择的是哪一类车刀？理由是什么？

2. 根据子弹挂件加工质量及完成情况，分析子弹挂件编程与加工中的不合理处及其原因，并提出改进意见，填入表中。

子弹挂件加工不合理处及改进意见

序号	工作内容	不合理处	不合理的原因	改进意见
1	零件工艺处理与编程			
2	零件数控车加工			
3	零件质量			

3. 试结合自身任务完成情况，通过交流讨论等方式较全面规范地撰写本次任务的工作总结。

工作总结（心得体会）

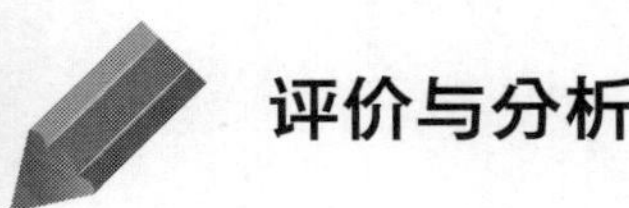

评价与分析

学习任务二评价表

班级：__________　　学生姓名：__________　　学号：________

<table>
<tr><th rowspan="3">项目</th><th colspan="3">自我评价</th><th colspan="3">小组评价</th><th colspan="3">教师评价</th></tr>
<tr><th>10 ~ 9</th><th>8 ~ 6</th><th>5 ~ 1</th><th>10 ~ 9</th><th>8 ~ 6</th><th>5 ~ 1</th><th>10 ~ 9</th><th>8 ~ 6</th><th>5 ~ 1</th></tr>
<tr><th colspan="3">占总评 10%</th><th colspan="3">占总评 30%</th><th colspan="3">占总评 60%</th></tr>
<tr><td>学习活动 1</td><td></td><td></td><td></td><td></td><td></td><td></td><td></td><td></td><td></td></tr>
<tr><td>学习活动 2</td><td></td><td></td><td></td><td></td><td></td><td></td><td></td><td></td><td></td></tr>
<tr><td>学习活动 3</td><td></td><td></td><td></td><td></td><td></td><td></td><td></td><td></td><td></td></tr>
<tr><td>学习活动 4</td><td></td><td></td><td></td><td></td><td></td><td></td><td></td><td></td><td></td></tr>
<tr><td>表达能力</td><td></td><td></td><td></td><td></td><td></td><td></td><td></td><td></td><td></td></tr>
<tr><td>协作精神</td><td></td><td></td><td></td><td></td><td></td><td></td><td></td><td></td><td></td></tr>
<tr><td>纪律观念</td><td></td><td></td><td></td><td></td><td></td><td></td><td></td><td></td><td></td></tr>
<tr><td>工作态度</td><td></td><td></td><td></td><td></td><td></td><td></td><td></td><td></td><td></td></tr>
<tr><td>分析能力</td><td></td><td></td><td></td><td></td><td></td><td></td><td></td><td></td><td></td></tr>
<tr><td>操作规范性</td><td></td><td></td><td></td><td></td><td></td><td></td><td></td><td></td><td></td></tr>
<tr><td>任务总体表现</td><td></td><td></td><td></td><td></td><td></td><td></td><td></td><td></td><td></td></tr>
<tr><td>小计</td><td colspan="3"></td><td colspan="3"></td><td colspan="3"></td></tr>
<tr><td>总评</td><td colspan="9"></td></tr>
</table>

任课教师：________　　年　　月　　日

学习任务三　灯泡模型的数控车加工

学习目标

1. 能根据灯泡模型零件图样，制定灯泡模型加工工艺，填写灯泡模型的加工工艺卡。

2. 能对灯泡模型进行编程前的数学处理。

3. 能合理制定灯泡模型的数控加工工艺路线，填写数控加工工序卡。

4. 能正确编写灯泡模型的数控车加工程序。

5. 能应用数控车床的模拟检验功能，检查程序编写中的错误，并对程序进行优化。

6. 能独立完成灯泡模型的数控车加工任务。

7. 能在教师的指导下解决加工中出现的常见问题。

8. 能对灯泡模型进行正确的测量，评估与判断零件质量是否合格，并提出改进措施。

9. 能按车间现场6S管理的要求，整理现场，保养设备并填写保养记录。

10. 能主动获取有效信息，展示工作成果，对学习与工作进行反思总结，并能与他人开展良好合作，进行有效沟通。

建议学时

40学时

工作情境描述

某玩具公司委托我校加工一款螺口灯泡模型玩具（见下图），加工数量为30件，来料加工，工期为 10 天。现学校将该任务分配给数控车教研组，由实习教师带领学生完成零件的加工。

灯泡模型实体图

工作流程与活动

1. 灯泡模型加工工艺分析与编程
2. 灯泡模型的数控车加工
3. 灯泡模型的检验与质量分析
4. 工作总结与评价

学习活动1　灯泡模型加工工艺分析与编程

学习目标

1. 能阅读生产任务单，明确工作任务，制订出合理的工作进度计划。

2. 能根据零件图样，填写灯泡模型的加工工艺卡。

3. 能根据加工工艺、灯泡模型材料和形状特征等选择刀具和刀具几何参数，并确定数控加工合理的切削用量。

4. 能根据工艺要求合理选择零件的装夹方式。

5. 能对灯泡模型进行编程前的数学处理。

6. 能合理制定灯泡模型的数控加工工艺路线，并填写数控加工工序卡。

7. 能完成灯泡模型数控车加工程序的编制。

建议学时　8学时

学习过程

一、阅读生产任务单

灯泡模型生产任务单

单位名称				完成时间	年　月　日
序号	产品名称	材料	生产数量	技术标准、质量要求	
1	灯泡模型	45钢	30件	按图样要求	
2					

续表

序号	产品名称	材料	生产数量	技术标准、质量要求		
3						
生产批准时间		年　月　日	批准人			
通知任务时间		年　月　日	发单人			
接单时间		年　月　日	接单人		生产班组	数控车工组

注：生产任务单与零件图样等一起领取。

1．查阅资料，从材料的特性考虑，说明实际生活中灯泡为什么用玻璃制造。

2．本生产任务工期为 10 天，试依据任务要求，制订合理的工作进度计划，并根据小组成员的特点进行分工。

序号	工作内容	时间	成员	负责人
1	工艺分析			
2	编制程序			
3	车削加工			
4	成品检验与质量分析			

二、分析图样，制定灯泡模型加工工艺卡

1. 识读灯泡模型零件图样

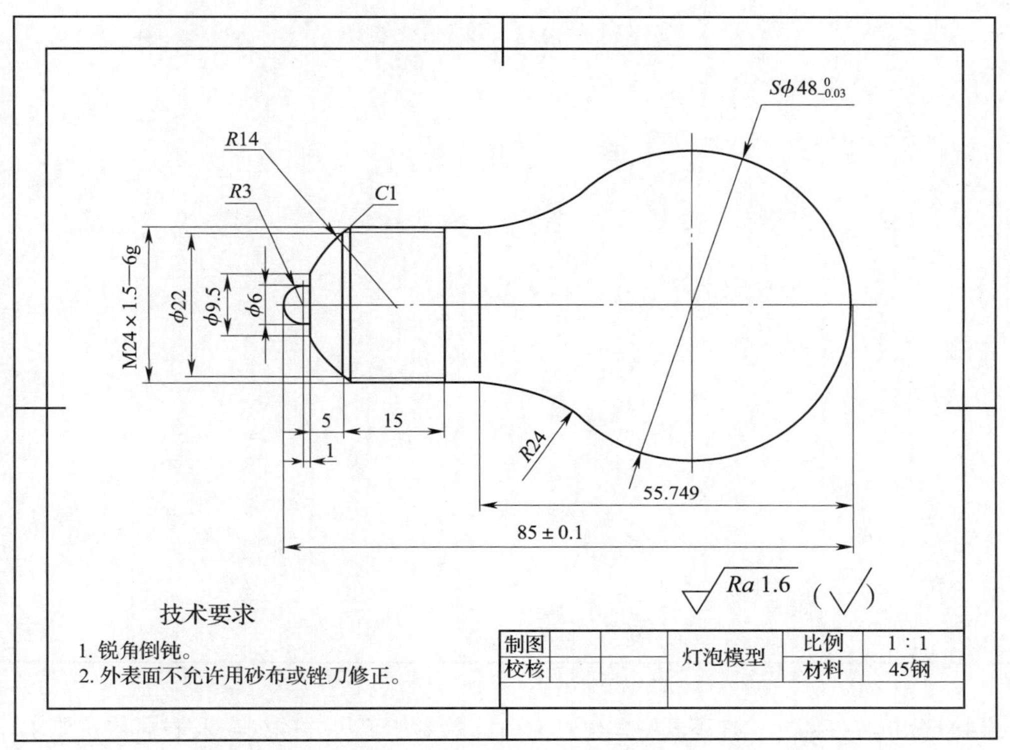

灯泡模型零件图样

（1）零件图上有无漏掉某尺寸或尺寸标注不清，从而影响零件的编程。若发现问题，应向设计人员或工艺制定部门请示并提出修改意见。

（2）分析零件图样，写出加工灯泡模型零件的定位基准，以及主要元素的定形尺寸和定位尺寸。

（3）通过 CAD 绘图确定图样上未知点的坐标值，并记录下来。

（4）分析零件图样，在下表中写出灯泡模型主要加工尺寸的公差及表面质量要求，为零件的编程做准备。

序号	项目	内容	偏差范围
1	主要加工尺寸		
2			
3			
4			
5			
6			
7	表面质量要求		

2．制定灯泡模型加工工艺卡

试结合所学普通车床加工工艺知识，制定灯泡模型的加工工艺卡，并明确我校数控车工组需要完成的任务。

灯泡模型加工工艺卡

<table>
<tr><td rowspan="2">单位名称</td><td rowspan="2"></td><td colspan="3">产品名称</td><td colspan="2"></td><td>图号</td><td></td></tr>
<tr><td colspan="3">零件名称</td><td></td><td>数量</td><td></td><td>第　页</td></tr>
<tr><td>材料种类</td><td></td><td>材料牌号</td><td></td><td colspan="2">毛坯尺寸</td><td colspan="2"></td><td>共　页</td></tr>
<tr><td rowspan="2">工序号</td><td rowspan="2">工序内容</td><td rowspan="2">车间</td><td rowspan="2">设备</td><td colspan="3">工具</td><td rowspan="2">计划工时</td><td rowspan="2">实际工时</td></tr>
<tr><td>夹具</td><td>量具</td><td>刃具</td></tr>
<tr><td>1</td><td></td><td></td><td></td><td></td><td></td><td></td><td></td><td></td></tr>
<tr><td>2</td><td></td><td></td><td></td><td></td><td></td><td></td><td></td><td></td></tr>
<tr><td>3</td><td></td><td></td><td></td><td></td><td></td><td></td><td></td><td></td></tr>
<tr><td>4</td><td></td><td></td><td></td><td></td><td></td><td></td><td></td><td></td></tr>
<tr><td>5</td><td></td><td></td><td></td><td></td><td></td><td></td><td></td><td></td></tr>
</table>

续表

<table>
<tr><th rowspan="2">工序号</th><th rowspan="2">工序内容</th><th rowspan="2">车间</th><th rowspan="2">设备</th><th colspan="4">工具</th><th rowspan="2">计划工时</th><th rowspan="2">实际工时</th></tr>
<tr><th>夹具</th><th colspan="2">量具</th><th>刃具</th></tr>
<tr><td>6</td><td></td><td></td><td></td><td></td><td colspan="2"></td><td></td><td></td><td></td></tr>
<tr><td>7</td><td></td><td></td><td></td><td></td><td colspan="2"></td><td></td><td></td><td></td></tr>
<tr><td>更改号</td><td></td><td colspan="2">拟定</td><td colspan="2">校正</td><td colspan="2">审核</td><td colspan="2">批准</td></tr>
<tr><td>更改者</td><td></td><td colspan="2"></td><td colspan="2"></td><td colspan="2"></td><td colspan="2"></td></tr>
<tr><td>日期</td><td></td><td colspan="2"></td><td colspan="2"></td><td colspan="2"></td><td colspan="2"></td></tr>
</table>

三、数控加工工艺分析

1. 确定加工灯泡模型的定位基准和测量基准。

2. 灯泡模型没有装夹位置，在加工该零件时应采取什么样的装夹方法？

3. 灯泡模型的 R24 mm 圆弧采用什么样的刀具加工比较合适？为什么？

4. 根据灯泡模型图样，小组讨论确定零件的加工步骤。

5. 根据灯泡模型加工内容，完成灯泡模型加工的车削刀具卡。

灯泡模型加工的车削刀具卡

产品名称或代号		零件名称		零件图号	
刀具号	刀具名称	数量	加工内容	刀尖半径（mm）	刀具规格（mm × mm）
编制	审核		批准	第　页	共　页

6. 调用恒线速加工灯泡模型，能否提高零件的表面质量？为什么？

7. 根据上述分析，小组讨论制定灯泡模型的数控加工工序卡。

灯泡模型数控加工工序卡

<table>
<tr><td rowspan="2">单位名称</td><td rowspan="2"></td><td colspan="2">产品名称或代号</td><td colspan="2">零件名称</td><td colspan="2">零件图号</td></tr>
<tr><td colspan="2"></td><td colspan="2"></td><td colspan="2"></td></tr>
<tr><td>工序号</td><td>程序编号</td><td colspan="2">夹具名称</td><td colspan="2">使用设备</td><td colspan="2">车间</td></tr>
<tr><td></td><td></td><td colspan="2"></td><td colspan="2"></td><td colspan="2"></td></tr>
<tr><td>工步号</td><td>工步内容</td><td>刀具号</td><td>刀具规格（mm）</td><td>主轴转速（r/min）</td><td>进给速度（mm/min）</td><td>背吃刀量（mm）</td><td>备注</td></tr>
<tr><td></td><td></td><td></td><td></td><td></td><td></td><td></td><td></td></tr>
<tr><td></td><td></td><td></td><td></td><td></td><td></td><td></td><td></td></tr>
<tr><td></td><td></td><td></td><td></td><td></td><td></td><td></td><td></td></tr>
<tr><td></td><td></td><td></td><td></td><td></td><td></td><td></td><td></td></tr>
<tr><td></td><td></td><td></td><td></td><td></td><td></td><td></td><td></td></tr>
<tr><td></td><td></td><td></td><td></td><td></td><td></td><td></td><td></td></tr>
<tr><td></td><td></td><td></td><td></td><td></td><td></td><td></td><td></td></tr>
<tr><td>编制</td><td></td><td>审核</td><td></td><td>批准</td><td></td><td>共　页</td><td>第　页</td></tr>
</table>

四、编制程序

1．根据零件图样确定编程原点并在图中标出。

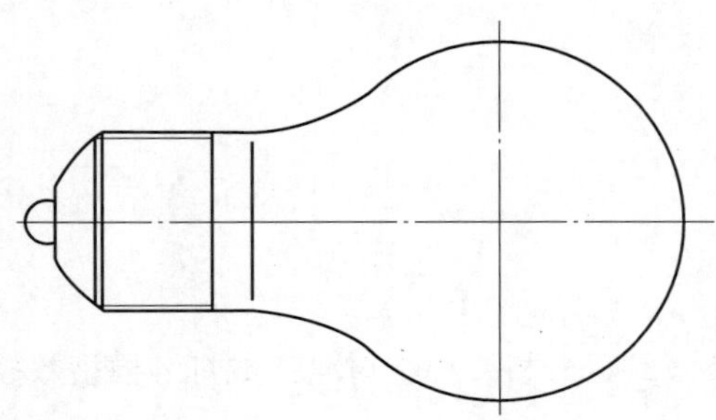

灯泡模型加工的编程原点

2．根据零件图样及加工工艺，结合所学数控系统，归纳出灯泡模型加工用到的编程指令（包括 G 代码指令和辅助指令）。

灯泡模型加工用到的编程指令

序号	选择的指令	指令格式
1		
2		
3		
4		
5		
6		
7		
8		
9		
10		
11		
12		

3．为了保证零件的加工精度，粗加工后需要测量补偿，试考虑程序中如何实现测量补偿这一环节。

4．根据零件加工步骤及编程分析，小组讨论完成灯泡模型数控车加工程序的编制。

（1）灯泡模型左端加工程序

程序段号	灯泡模型（左端）	O0001；
	加工程序	程序说明
N5		
N10		
N15		
N20		
N25		
N30		
N35		
N40		
N45		
N50		
N55		
N60		
N65		
N70		
N75		
N80		
N85		
N90		

续表

程序段号	灯泡模型（左端）	O0001；
	加工程序	程序说明
N95		
N100		
N105		
N110		
N115		
N120		
N125		
N130		
N135		
N140		
N145		
N150		
N155		
N160		
N165		
N170		
N175		
N180		
N185		
N190		

（2）灯泡模型右端加工程序

程序段号	灯泡模型（右端）	O0002；
	加工程序	程序说明
N5		
N10		
N15		

续表

程序段号	灯泡模型（右端）	O0002；
	加工程序	程序说明
N20		
N25		
N30		
N35		
N40		
N45		
N50		
N55		
N60		
N65		
N70		
N75		
N80		
N85		
N90		
N95		
N100		
N105		
N110		

5．通过仿真软件验证零件的车削程序，记录并纠正程序中不合理的地方。

学习活动2　灯泡模型的数控车加工

学习目标

1. 能根据灯泡模型零件图样，确定符合加工要求的工、量、夹具及辅件。

2. 能按图样要求，测量毛坯外形尺寸，判断毛坯是否有足够的加工余量。

3. 能正确装夹工件，并对其进行找正。

4. 能正确规范地装夹螺纹车刀等数控车刀，并运用适当对刀方法正确对刀。

5. 能正确选择本次任务所需的切削液。

6. 能正确输入零件的加工程序，应用数控车床的模拟检验功能，检查程序编写中的错误，并对程序进行优化。

7. 能在灯泡模型加工过程中，严格按照数控车床操作规程操作机床。

8. 能根据切削状态调整切削用量，保证正常切削，并适时检测，保证灯泡模型加工精度。

9. 能独立解决加工中出现的程序报警及机床简单故障。

10. 能按车间现场6S管理和产品工艺流程的要求，正确规范地保养机床，进行产品交接并规范填写交接班记录表。

建议学时　20学时

学习过程

一、加工准备

1. 领取工、量、刃具

填写工、量、刃具清单，并领取工、量、刃具。

工、量、刃具清单

序号	名称	规格	数量	备注
1				
2				
3				
4				
5				
6				
7				
8				
9				

2. 领取毛坯料

领取毛坯料，并测量毛坯外形尺寸，判断毛坯是否有足够的加工余量。

3. 选择切削液

根据加工对象及所用刀具，选择本次加工所用切削液。

4．开机准备

（1）加工运行前是否需要检查卡盘夹紧工件的工作状态？为什么？

（2）加工运行前是否需要预热机床及认真检查润滑系统工作是否正常？为什么？

（3）螺纹车刀安装得正确与否，对螺纹牙型有很大的影响。试查阅资料，说明螺纹车刀的安装要求有哪些。

二、零件加工

1．按照数控车床操作安全规程检查各项均符合要求后，送电开机。

2．按正确操作顺序，进行回机床参考点操作。

3．正确装夹工件，并对其进行找正。

4．正确装夹刀具，确保刀具牢固可靠，并设定主轴手动转速。

5．按刀具加工次序完成对刀。

6. 程序输入与校验

（1）输入并调试灯泡模型数控车加工程序。

（2）记录程序输入时产生的报警号，并说明产生报警的原因及解决办法。

报警号	报警内容	报警原因	解决办法

7. 自动加工

（1）为了保证零件加工精度，在粗加工后检测零件各部分的尺寸，记录并确定补偿值。

序号	直径测量数据	补偿数据（X 轴磨耗）	长度测量数据	补偿数据（Z 轴磨耗）

（2）加工中注意观察刀具切削情况，记录加工中不合理的因素，以便于纠正，提高工作效率（例如，切削用量、加工路径是否合理，刀具是否有干涉等）。

灯泡模型加工中遇到的问题

问题	产生原因	预防措施或改进方法

（3）案例分析1：在加工完灯泡模型右端轮廓后，发现端面中心处没有加工到，试说明原因并提出解决方法。

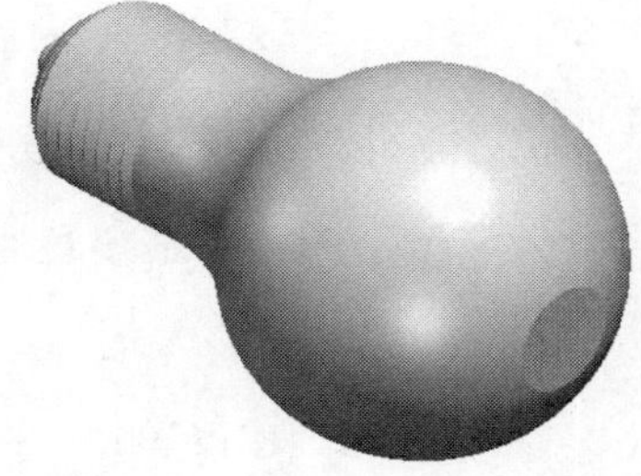

（4）案例分析2：在加工灯泡模型零件外螺纹过程中，刀具出现严重磨损，需要重新修磨后才能车削，该螺纹能否修复？如果能修复，说明修复方法。

三、保养机床、清理场地

加工完毕后，按照图样要求进行自检，正确放置零件，并进行产品交接确认；按照国家环保相关规定和车间要求整理现场，清扫切屑，保养机床，并正确处置废油液等废弃物；按车间规定填写交接班记录和设备日常保养记录卡（见附表）。

学习活动3　灯泡模型的检验与质量分析

学习目标

1. 能根据灯泡模型图样，合理选择检验工具和量具，确定检测方法。

2. 能正确规范地使用工、量具对灯泡模型进行检验，并对工、量具进行合理保养和维护。

3. 能根据灯泡模型的测量结果，分析误差产生的原因，并提出修改意见。

4. 能按检验室管理要求，正确放置检验用工、量具。

建议学时　8学时

学习过程

一、明确测量要素，领取检测用工、量具

1. 灯泡模型上有哪些要素需要测量?

2．根据灯泡模型需要测量的要素，写出检测灯泡模型所需的工、量具，并填入表中。

检测灯泡模型所需的工、量具

序号	名称	规格（精度）	检测内容	备注
1				
2				
3				
4				
5				
6				
7				

二、检测零件，填写灯泡模型质量检验单

1．根据图样要求，自检灯泡模型零件，并完成零件质量检验单。

灯泡模型质量检验单

项目	序号	内容	检测结果	结论
外圆	1	ϕ22 mm		
	2	ϕ9. 5 mm		
	3	ϕ6 mm		
球面	4	$S\phi48\ _{-0.03}^{\ 0}$ mm		
长度	5	（85 ±0. 1） mm		
	6	15 mm、5 mm、1 mm、55. 749 mm		
圆弧	7	R3 mm		
	8	R14 mm		
	9	R24 mm		

续表

项目	序号	内容	检测结果	结论
螺纹	10	M24 ×1. 5—6 g		
表面质量	11	*Ra*1. 6 μm		
倒角	12	*C*1 mm		
灯泡模型检测结论				
产生不合格品的情况分析				

2. 案例分析1：利用半径样板（R 规）检测灯泡模型零件圆弧尺寸 *R*24 mm，发现接触面积偏小，分析圆弧尺寸 *R*24 mm 接触面积不合格的原因，并提出纠正方法。

3. 案例分析2：利用螺纹环规检测灯泡模型零件的外螺纹 M24 ×1. 5—6 g，发现通、止规都不能拧入，分析螺纹产生误差的原因，并提出纠正方法。

三、提出工艺方案修改意见

对不合格项目进行分析，小组讨论提出修改意见。

不合格项目	产生原因	修改意见
尺寸不对		
圆弧曲线误差		
螺纹误差		
表面粗糙度达不到要求		

学习活动4　工作总结与评价

学习目标

1. 能按照灯泡模型加工综合评价表完成自评。

2. 能按分组情况，分别派代表展示灯泡模型加工成果，说明本次任务的完成情况，并作分析总结。

3. 能结合自身任务完成情况，正确规范地撰写工作总结（心得体会）。

4. 能就本次任务中出现的问题，提出改进措施。

5. 能对学习与工作进行反思总结，并能与他人开展良好合作，进行有效沟通。

建议学时　4学时

学习过程

一、自我评价

灯泡模型加工综合评价表

工件编号		技术要求	配分	总得分		
项目	序号			评分标准	检测记录	得分
机床操作（20%）	1	正确开启机床、检查	4	不正确、不合理无分		
	2	机床返回参考点	4	不正确、不合理无分		
	3	程序的输入及修改	4	不正确、不合理无分		
	4	程序空运行轨迹检查	4	不正确、不合理无分		
	5	对刀的方式、方法	4	不正确、不合理无分		

续表

工件编号		技术要求	配分	总得分		
项目	序号			评分标准	检测记录	得分
程序与工艺（20%）	6	程序格式规范	4	不合格每处扣 1 分		
	7	程序正确、完整	8	不合格每处扣 2 分		
	8	工艺合理	8	不合格每处扣 2 分		
零件质量（50%）	9	ϕ22 mm	3	超差不得分		
	10	ϕ9.5 mm	3	超差不得分		
	11	ϕ6 mm	3	超差不得分		
	12	$S\phi48_{-0.03}^{0}$ mm	5	超差不得分		
	13	(85 ± 0.1) mm	5	超差不得分		
	14	15 mm、5 mm、1 mm、55.749 mm	4	超差不得分		
	15	R3 mm	4	超差不得分		
	16	R14 mm	4	超差不得分		
	17	R24 mm	5	超差不得分		
	18	M24 × 1.5—6g	6	超差不得分		
	19	Ra1.6 μm（5 处）	5	降级不得分		
	20	C1 mm	3	超差不得分		
安全文明生产（10%）	21	安全操作	5	不按安全操作规程操作全扣分		
	22	机床清理	5	不合格全扣分		
总配分			100			

二、展示评价（小组评价）

把个人制作好的灯泡模型先进行分组展示，再由小组推荐代表作必要的介绍。在展示过程中，以组为单位进行评价；评价完成后，根据其他组成员对本组展示成果的评价意见进行归纳总结。完成如下项目：

1. 展示的灯泡模型符合技术标准吗？

合格□　　不良□　　返修□　　报废□

2. 本小组介绍成果表达是否清晰?

很好□　　一般，常补充□　　不清晰□

3. 本小组演示的灯泡模型检测方法操作正确吗?

正确□　　部分正确□　　不正确□

4. 本小组演示操作时遵循了“6S”的工作要求吗?

符合工作要求□　　忽略了部分要求□　　完全没有遵循□

5. 本小组的检测量具、量仪保养完好吗?

良好□　　一般□　　不合要求□

6. 本小组的成员团队创新精神如何?

良好□　　一般□　　不足□

三、教师评价

教师对展示的作品分别作评价。

1. 找出各组的优点进行点评。

2. 对展示过程中各组的缺点进行点评，提出改进方法。

3. 对整个任务完成中出现的亮点和不足进行点评。

四、总结提升

1. 根据灯泡模型加工质量及完成情况，分析灯泡模型编程与加工中的不合理处及其原因并提出改进意见，填入表中。

灯泡模型加工不合理处及改进意见

序号	工作内容	不合理处	不合理的原因	改进意见
1	零件工艺处理与编程			
2	零件数控车加工			
3	零件质量			

2. 试结合自身任务完成情况，通过交流讨论等方式较全面规范地撰写本次任务的工作总结。

工作总结（心得体会）

评价与分析

学习任务三评价表

班级：__________ 学生姓名：__________ 学号：________

项目	自我评价			小组评价			教师评价		
	10 ~ 9	8 ~ 6	5 ~ 1	10 ~ 9	8 ~ 6	5 ~ 1	10 ~ 9	8 ~ 6	5 ~ 1
	占总评 10%			占总评 30%			占总评 60%		
学习活动 1									
学习活动 2									
学习活动 3									
学习活动 4									
表达能力									
协作精神									
纪律观念									
工作态度									
分析能力									
操作规范性									
任务总体表现									
小计									
总评									

任课教师：________ 年 月 日

学习任务四　手电筒模型的数控车加工

1. 能根据手电筒模型零件图样，制定手电筒模型加工工艺，填写手电筒模型的加工工艺卡。

2. 能对手电筒模型进行编程前的数学处理。

3. 能合理制定手电筒模型的数控加工工艺路线，并填写数控加工工序卡。

4. 能根据加工工艺，完成手电筒模型数控车加工程序的编制。

5. 能应用数控车床的模拟检验功能，检查程序编写中的错误，并对程序进行优化。

6. 能独立完成手电筒模型的数控车加工任务。

7. 能在教师的指导下解决加工中出现的常见问题。

8. 能对手电筒模型进行正确的测量，评估与判断零件质量是否合格，并提出改进措施。

9. 能按车间现场6S管理的要求，整理现场，保养设备并填写保养记录。

10. 能主动获取有效信息，展示工作成果，对学习与工作进行反思总结，并能与他人开展良好合作，进行有效沟通。

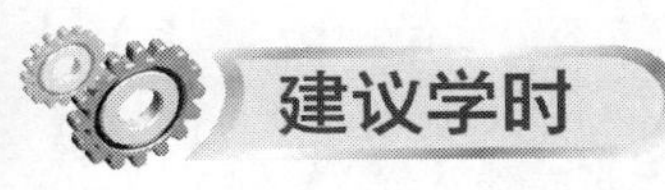

40学时

某电子照明公司为了拓展市场业务，委托我校设计并加工一款新颖的铝质手电筒模型

（见下图），数量 100 件，手电筒模型外形控制在 ϕ40 mm × 100 mm 以内，包工包料、工期为 10 天。学校产学研小组接到业务后，立即组织力量进行设计，现将设计好的手电筒模型加工任务分配给数控车教研组，由实习教师带领学生完成产品的加工任务。

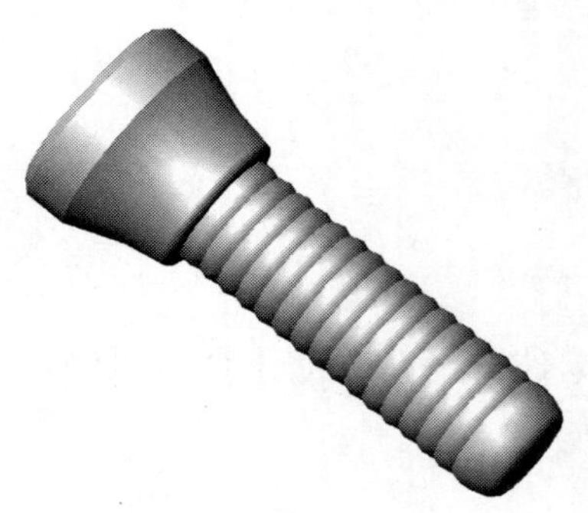

手电筒模型实体图

工作流程与活动

1. 手电筒模型加工工艺分析与编程
2. 手电筒模型的数控车加工
3. 手电筒模型的检验与质量分析
4. 工作总结与评价

学习活动1　手电筒模型加工工艺分析与编程

学习目标

1. 能阅读生产任务单，明确工作任务，制订出合理的工作进度计划。

2. 能根据零件图样，填写手电筒模型的加工工艺卡。

3. 能根据加工工艺、手电筒模型材料和形状特征等选择刀具和刀具几何参数，并确定数控加工合理的切削用量。

4. 能根据工艺要求合理选择零件的装夹方式。

5. 能对手电筒模型进行编程前的数学处理。

6. 能合理制定手电筒模型的数控加工工艺路线，并填写数控加工工序卡。

7. 能熟练调用子程序来完成零件加工与编程。

8. 能完成手电筒模型数控车加工程序的编制。

建议学时　12 学时

学习过程

一、阅读生产任务单

手电筒模型生产任务单

单位名称				完成时间	年　月　日
序号	产品名称	材料	生产数量	技术标准、质量要求	
1	手电筒模型	硬铝	100 件	按图样要求	
2					

续表

序号	产品名称	材料	生产数量	技术标准、质量要求		
3						
生产批准时间		年 月 日	批准人			
通知任务时间		年 月 日	发单人			
接单时间		年 月 日	接单人		生产班组	数控加工组

注：生产任务单与零件图样等一起领取。

1．本任务加工手电筒模型采用的是什么材料？查阅资料，写出这种材料的常用牌号及其含义，并说明本任务宜选用什么牌号的材料来完成加工。

2．本生产任务工期为 10 天，试依据任务要求，制订合理的工作进度计划，并根据小组成员的特点进行分工。

序号	工作内容	时间	成员	负责人
1	工艺分析			
2	编制程序			
3	车削加工			
4	成品检验与质量分析			

二、分析图样，制定手电筒模型加工工艺卡

1. 识读手电筒模型零件图样

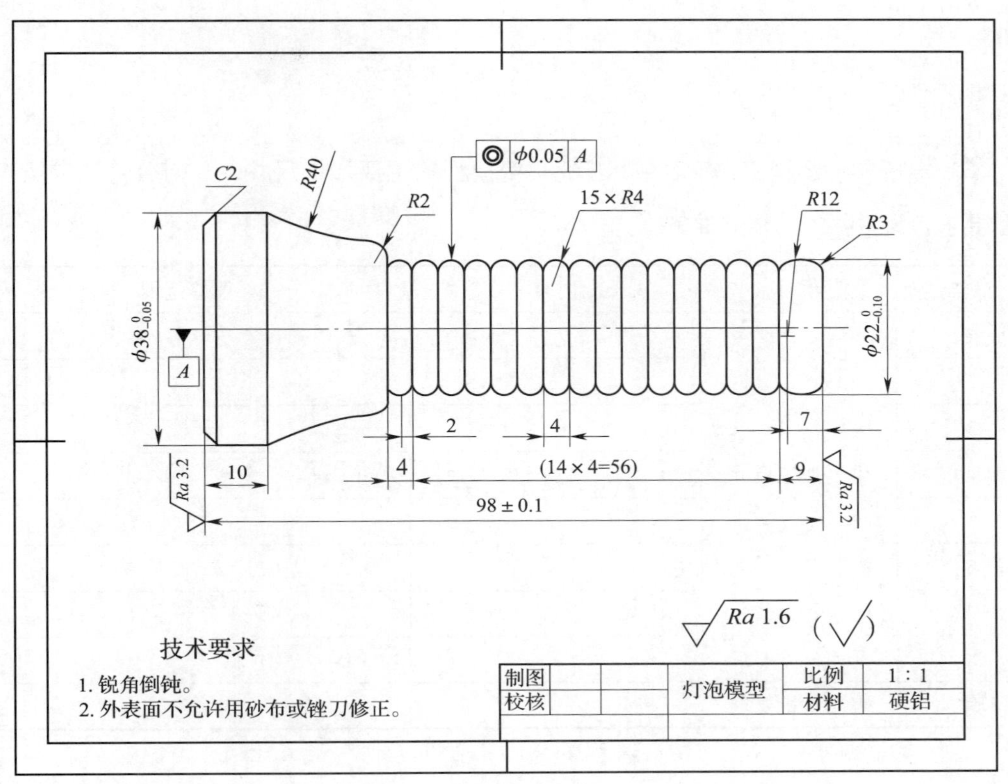

手电筒模型零件图样

（1）如图所示手电筒模型手柄是由圆弧曲线组成的，试说明它共由多少圆弧组成，用什么机床加工效率最高。

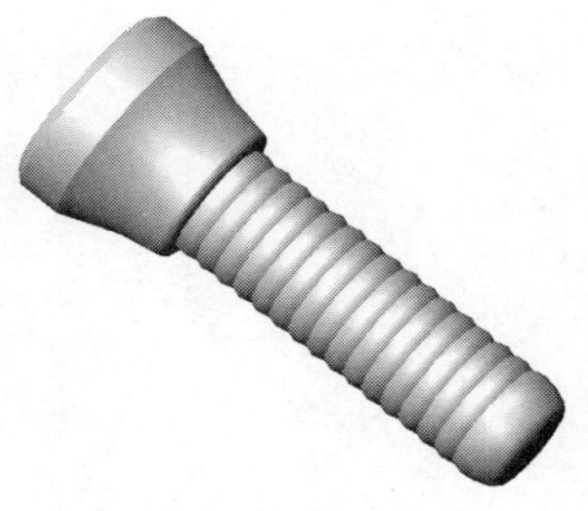

手电筒实体

（2）观察手电筒模型零件的图样，分析零件的编程与加工难点。

（3）分析零件图样，在下表中写出手电筒模型的主要加工尺寸、几何公差要求及表面质量要求，为零件的编程做准备。

序号	项目	内容	偏差范围
1	主要加工尺寸		
2			
3			
4			
5			
6			
7			
8	几何公差要求		
9	表面质量要求		

（4）通过CAD绘图确定未知点的坐标，并对手电筒模型零件圆弧连接处起点、终点的坐标进行标注。

（5）要加工该零件，毛坯的形状尺寸应如何选择？

2. 制定手电筒模型加工工艺卡

试结合所学普通车床加工工艺知识，制定手电筒模型的加工工艺卡，并明确我校数控车工组需要完成的任务。

手电筒模型加工工艺卡

<table>
<tr><td rowspan="2">单位名称</td><td rowspan="2"></td><td colspan="2">产品名称</td><td colspan="2"></td><td colspan="2">图号</td><td></td></tr>
<tr><td colspan="2">零件名称</td><td></td><td>数量</td><td colspan="2"></td><td>第　页</td></tr>
<tr><td>材料种类</td><td></td><td>材料牌号</td><td></td><td colspan="2">毛坯尺寸</td><td colspan="2"></td><td>共　页</td></tr>
<tr><td rowspan="2">工序号</td><td rowspan="2">工序内容</td><td rowspan="2">车间</td><td rowspan="2">设备</td><td colspan="3">工具</td><td rowspan="2">计划工时</td><td rowspan="2">实际工时</td></tr>
<tr><td>夹具</td><td>量具</td><td>刃具</td></tr>
<tr><td>1</td><td></td><td></td><td></td><td></td><td></td><td></td><td></td><td></td></tr>
<tr><td>2</td><td></td><td></td><td></td><td></td><td></td><td></td><td></td><td></td></tr>
<tr><td>3</td><td></td><td></td><td></td><td></td><td></td><td></td><td></td><td></td></tr>
<tr><td>4</td><td></td><td></td><td></td><td></td><td></td><td></td><td></td><td></td></tr>
</table>

续表

工序号	工序内容	车间	设备	工具			计划工时	实际工时
				夹具	量具	刃具		
5								
6								
7								

更改号		拟定	校正	审核	批准
更改者					
日期					

三、数控加工工艺分析

1. 加工手电筒模型零件，应采取什么样的装夹方法?

2. 手电筒模型零件加工中是否需要调头装夹? 如果需要应用什么检验工具保证零件的同轴度?

3. 根据手电筒模型零件图样，小组讨论初步确定零件的加工步骤。

4. 手电筒模型手柄处的圆弧用什么样的刀具加工比较合适，加工次序应安排在外圆 $\phi38_{-0.05}^{0}$ mm 完成前还是完成后?

5. 手电筒模型手柄处的圆弧连接较小，加工中刀尖圆弧半径过大将影响圆弧连接质量，本任务中应选择多大的刀尖圆弧半径?

6. 根据手电筒模型加工内容，完成手电筒模型加工的车削刀具卡。

手电筒模型加工的车削刀具卡

产品名称或代号			零件名称			零件图号	
刀具号	刀具名称		数量	加工内容		刀尖半径（mm）	刀具规格（mm × mm）
编制		审核		批准		第　页	共　页

7. 为了保证手电筒模型零件的表面质量，手电筒模型零件的粗、精加工是否需要分开？为什么？

8. 根据上述分析，小组讨论制定手电筒模型的数控加工工序卡。

手电筒模型数控加工工序卡

<table>
<tr><td rowspan="2">单位名称</td><td rowspan="2"></td><td colspan="2">产品名称或代号</td><td colspan="2">零件名称</td><td colspan="2">零件图号</td></tr>
<tr><td colspan="2"></td><td colspan="2"></td><td colspan="2"></td></tr>
<tr><td>工序号</td><td>程序编号</td><td colspan="2">夹具名称</td><td colspan="2">使用设备</td><td colspan="2">车间</td></tr>
<tr><td></td><td></td><td colspan="2"></td><td colspan="2"></td><td colspan="2"></td></tr>
<tr><td>工步号</td><td>工步内容</td><td>刀具号</td><td>刀具规格（mm）</td><td>主轴转速（r/min）</td><td>进给速度（mm/min）</td><td>背吃刀量（mm）</td><td>备注</td></tr>
<tr><td></td><td></td><td></td><td></td><td></td><td></td><td></td><td></td></tr>
<tr><td></td><td></td><td></td><td></td><td></td><td></td><td></td><td></td></tr>
<tr><td></td><td></td><td></td><td></td><td></td><td></td><td></td><td></td></tr>
<tr><td></td><td></td><td></td><td></td><td></td><td></td><td></td><td></td></tr>
<tr><td></td><td></td><td></td><td></td><td></td><td></td><td></td><td></td></tr>
<tr><td></td><td></td><td></td><td></td><td></td><td></td><td></td><td></td></tr>
<tr><td></td><td></td><td></td><td></td><td></td><td></td><td></td><td></td></tr>
<tr><td>编制</td><td></td><td>审核</td><td></td><td>批准</td><td></td><td>共 页</td><td>第 页</td></tr>
</table>

四、编制程序

1. 根据图样确定编程原点并在图中标出。

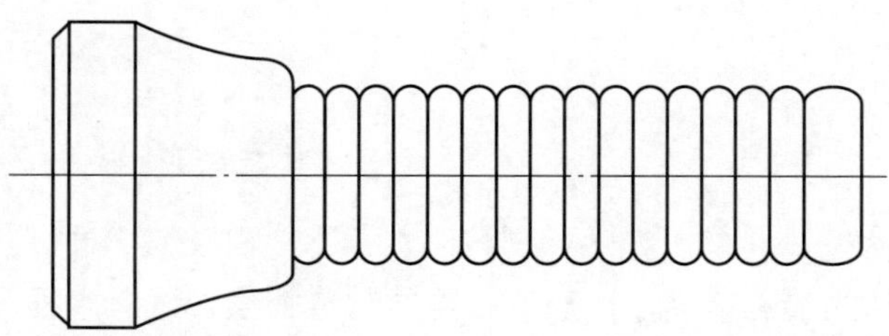

手电筒模型加工编程原点

2. 根据零件图样及加工工艺，结合所学数控系统，归纳出手电筒模型加工用到的编程指令（包括 G 代码指令和辅助指令）。

手电筒模型加工用到的编程指令

序号	选择的指令	指令格式
1		
2		
3		
4		
5		
6		
7		
8		
9		
10		
11		

3．手电筒模型零件主要是外形加工，试写出零件外形加工刀具起刀点的坐标位置。

4．为了保证零件的加工精度，粗加工后需要测量补偿，试考虑程序中如何来实现测量补偿这一环节。

5．根据零件加工步骤及编程分析，小组讨论完成手电筒模型数控车加工程序的编制。

（1）手电筒模型左端加工程序

程序段号	手电筒模型（左端）	O0001;
	加工程序	程序说明
N5		
N10		
N15		
N20		
N25		
N30		
N35		
N40		
N45		
N50		
N55		

续表

程序段号	手电筒模型（左端）	O0001；
	加工程序	程序说明
N60		
N65		
N70		
N75		
N80		
N85		
N90		
N95		
N100		
N105		
N110		
N115		
N120		

（2）手电筒模型右端加工程序

程序段号	手电筒模型（右端）	O0002；
	加工程序	程序说明
N5		
N10		
N15		
N20		
N25		
N30		
N35		
N40		
N45		
N50		
N55		
N60		
N65		

续表

程序段号	手电筒模型（左端）	O0002；
	加工程序	程序说明
N70		
N75		
N80		
N85		
N90		
N95		
N100		
N105		
N110		
N115		
N120		
N125		
N130		
N135		
N140		
N145		
N150		
N155		
N160		
N165		
N170		
N175		
N180		

6. 通过仿真软件验证零件的车削程序，记录并纠正程序中不合理的地方。

学习活动2　手电筒模型的数控车加工

学习目标

1. 能根据手电筒模型零件图样，确定符合加工要求的工、量、夹具及辅件。

2. 能按图样要求，熟练测量毛坯外形尺寸，判断毛坯是否有足够的加工余量。

3. 能熟练装夹工件，并对其进行找正。

4. 能正确规范地装夹数控车刀，并运用适当对刀方法正确对刀。

5. 能正确输入零件的加工程序，应用数控车床的模拟检验功能，检查程序编写中的错误，并对程序进行优化。

6. 能在手电筒模型加工过程中，严格按照数控车床操作规程操作机床。

7. 能根据切削状态调整切削用量，保证正常切削，并适时检测，保证手电筒模型加工精度。

8. 能独立解决加工中出现的程序报警及机床简单故障。

9. 能按车间现场6S管理和产品工艺流程的要求，正确规范地保养机床，进行产品交接并规范填写交接班记录表。

建议学时　20学时

学习过程

一、加工准备

1. 领取工、量、刃具

填写工、量、刃具清单，并领取工、量、刃具。

工、量、刃具清单

序号	名称	规格	数量	备注
1				
2				
3				
4				
5				
6				
7				
8				
9				
10				

2. 领取毛坯料

领取毛坯料，并测量毛坯外形尺寸，判断毛坯是否有足够的加工余量。

3. 选择切削液

根据加工对象及所用刀具，选择本次加工所用切削液。

4. 开机准备

（1）做好开机前的主要检查及准备工作（如给相关部位加油、检查油标等）。

（2）为了保证加工精度，粗加工后需要测量补偿，试说明手电筒模型加工中实现测量补偿的具体方法。

二、零件加工

1. 按照数控车床操作安全规程检查各项均符合要求后，送电开机。

2. 按正确操作顺序，进行回机床参考点操作。

3. 正确装夹工件，并对其进行找正。

4. 正确装夹刀具，确保刀具牢固可靠，并设定主轴手动转速。

5. 按加工先后次序，采用试切法正确对刀。

6. 程序输入与校验

（1）输入并调试手电筒模型数控车加工程序。

（2）记录程序输入时产生的报警号，并说明产生报警的原因及解决办法。

报警号	报警内容	报警原因	解决办法

7．自动加工

（1）加工中注意观察刀具切削情况，记录加工中不合理的因素，以便于纠正，提高工作效率（例如，切削用量、加工路径是否合理，刀具是否有干涉等）。

手电筒模型加工中遇到的问题

问题	产生原因	预防措施或改进方法

（2）案例分析1：车削零件端面后，发现端面中心处有小凸台，试分析产生的原因并提出解决方法。

（3）案例分析2：手电筒模型手柄处的圆弧连接没有圆滑过渡，或者加工中发现圆弧连接的圆滑过渡较大，试分析产生的原因并提出解决方法。

三、保养机床、清理场地

加工完毕后，按照图样要求进行自检，正确放置零件，并进行产品交接确认；按照国家环保相关规定和车间要求整理现场，清扫切屑，保养机床，并正确处置废油液等废弃物；按车间规定填写交接班记录和设备日常保养记录卡（见附表）。

学习活动3　手电筒模型的检验与质量分析

学习目标

1. 能根据手电筒模型图样，合理选择检验工具和量具，确定检测方法。

2. 能正确规范地使用工、量具对手电筒模型进行检验，并对工、量具进行合理保养和维护。

3. 能根据手电筒模型的测量结果，分析误差产生的原因，并提出修改意见。

4. 能按检验室管理要求，正确放置检验用工、量具。

建议学时　6学时

学习过程

一、明确测量要素，领取检测用工、量具

1. 手电筒模型上有哪些要素需要测量?

2．根据手电筒模型测量要素，写出检测手电筒模型所需的工、量具，并填入表中。

检测手电筒模型所需的工、量具

序号	名称	规格（精度）	检测内容	备注
1				
2				
3				
4				
5				
6				
7				

二、检测零件，填写手电筒模型质量检验单

1．根据图样要求，自检手电筒模型零件，并完成零件质量检验单。

手电筒模型质量检验单

项目	序号	内容	检测结果	结论
外圆	1	$\phi38_{-0.05}^{0}$ mm		
	2	$\phi22_{-0.10}^{0}$ mm		
长度	3	（98 ±0.1） mm		
	4	10 mm		
	5	14 ×4 mm		
	6	2 mm、4 mm		
	7	7 mm、9 mm		
圆弧	8	$R40$ mm		
	9	$R12$ mm		
	10	15 × $R4$ mm		

续表

项目	序号	内容	检测结果	结论
圆弧	11	$R3$ mm		
	12	$R2$ mm		
同轴度	13	◎ $\phi 0.05$ A		
表面质量	14	$Ra1.6$ μm		
	15	$Ra3.2$ μm		
倒角	16	$C2$ mm		
手电筒模型检测结论				
产生不合格品的情况分析				

2. 案例分析1：测得手电筒模型外圆尺寸 $\phi 38_{-0.05}^{0}$ mm 为 $\phi 38.3$ mm 或 $\phi 37.8$ mm，试分析外圆尺寸 $\phi 38_{-0.05}^{0}$ mm 偏大或偏小的原因，并判断零件能否返修。若能，提出返修方案。

3. 案例分析2：测得手电筒模型零件圆弧 $R4$ mm 左半部是直线，试分析形成的原因，并提出纠正方法。

三、提出工艺方案修改意见

对不合格项目进行分析，小组讨论提出修改意见。

不合格项目	产生原因	修改意见
尺寸不对		
圆弧曲线误差		
同轴度误差		
表面粗糙度达不到要求		

学习活动4　工作总结与评价

学习目标

1. 能按照手电筒模型加工综合评价表完成自评。

2. 能按分组情况，分别派代表展示手电筒模型加工成果，说明本次任务的完成情况，并作分析总结。

3. 能结合自身任务完成情况，正确规范地撰写工作总结（心得体会）。

4. 能就本次任务中出现的问题，提出改进措施。

5. 能对学习与工作进行反思总结，并能与他人开展良好合作，进行有效沟通。

建议学时　2学时

学习过程

一、自我评价

手电筒模型加工综合评价表

工件编号		技术要求	配分	总得分		
项目	序号			评分标准	检测记录	得分
机床操作（20%）	1	正确开启机床、检查	4	不正确、不合理无分		
	2	机床返回参考点	4	不正确、不合理无分		
	3	程序的输入及修改	4	不正确、不合理无分		
	4	程序空运行轨迹检查	4	不正确、不合理无分		
	5	对刀的方式、方法	4	不正确、不合理无分		

续表

工件编号		技术要求	配分	总得分		
项目	序号			评分标准	检测记录	得分
程序与工艺（20%）	6	程序格式规范	4	不合格每处扣 1 分		
	7	程序正确、完整	8	不合格每处扣 2 分		
	8	工艺合理	8	不合格每处扣 2 分		
零件质量（50%）	9	$\phi 38_{-0.05}^{0}$ mm	4	超差不得分		
	10	$\phi 22_{-0.10}^{0}$ mm	4	超差不得分		
	11	（98 ±0.1） mm	4	超差不得分		
	12	10 mm	2	超差不得分		
	13	14 ×4 mm	6	超差不得分		
	14	2 mm、4 mm	2	超差不得分		
	15	7 mm、9 mm	2	超差不得分		
	16	*R*40 mm	2	超差不得分		
	17	*R*12 mm	2	超差不得分		
	18	15 × *R*4 mm	6	超差不得分		
	19	*R*3 mm	2	超差不得分		
	20	*R*2 mm	2	超差不得分		
	21	◎ | $\phi 0.05$ | *A*	4	超差不得分		
	22	*Ra*1. 6 μm	3	降级不得分		
	23	*Ra*3. 2 μm	3	降级不得分		
	24	*C*2 mm	2	超差不得分		
安全文明生产（10%）	25	安全操作	5	不按安全操作规程操作全扣分		
	26	机床清理	5	不合格全扣分		
总配分			100			

二、展示评价（小组评价）

把个人制作好的手电筒模型先进行分组展示，再由小组推荐代表作必要的介绍。在展示过程中，以组为单位进行评价；评价完成后，根据其他组成员对本组展示成果的评价意见进行归纳总结。完成如下项目：

1. 展示的手电筒模型符合技术标准吗？

合格□　　不良□　　返修□　　报废□

2. 本小组介绍成果表达是否清晰？

很好□　　一般，常补充□　　不清晰□

3. 本小组演示的手电筒模型检测方法操作正确吗？

正确□　　部分正确□　　不正确□

4. 本小组演示操作时遵循了“6S”的工作要求吗？

符合工作要求□　　忽略了部分要求□　　完全没有遵循□

5. 本小组的检测量具、量仪保养完好吗？

良好□　　一般□　　不合要求□

6. 本小组的成员团队创新精神如何？

良好□　　一般□　　不足□

三、教师评价

教师对展示的作品分别作评价。

1. 找出各组的优点进行点评。

2. 对展示过程中各组的缺点进行点评，提出改进方法。

3. 对整个任务完成中出现的亮点和不足进行点评。

四、总结提升

1. 根据手电筒模型加工质量及完成情况，分析手电筒模型编程与加工中的不合理处及其原因并提出改进意见，填入表中。

手电筒模型加工不合理处及改进意见

序号	工作内容	不合理处	不合理的原因	改进意见
1	零件工艺处理与编程			
2	零件数控车加工			
3	零件质量			

2. 试结合自身任务完成情况，通过交流讨论等方式较全面规范地撰写本次任务的工作总结。

工作总结（心得体会）

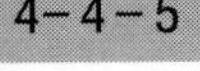

评价与分析

学习任务四评价表

班级：__________ 学生姓名 ：__________ 学号：________

项目	自我评价			小组评价			教师评价		
	10 ~ 9	8 ~ 6	5 ~ 1	10 ~ 9	8 ~ 6	5 ~ 1	10 ~ 9	8 ~ 6	5 ~ 1
	占总评 10%			占总评 30%			占总评 60%		
学习活动 1									
学习活动 2									
学习活动 3									
学习活动 4									
表达能力									
协作精神									
纪律观念									
工作态度									
分析能力									
操作规范性									
任务总体表现									
小计									
总评									

任课教师：________ 年 月 日

学习任务五　酒杯模型的数控车加工

学习目标

1. 能根据酒杯模型零件图样，制定酒杯模型的加工工艺，填写酒杯模型的加工工艺卡。

2. 能对酒杯模型进行编程前的数学处理。

3. 能合理制定酒杯模型的数控加工工艺路线，并填写数控加工工序卡。

4. 能根据加工工艺，完成酒杯模型数控车加工程序的编制。

5. 能应用数控车床的模拟检验功能，检查程序编写中的错误，并对程序进行优化。

6. 能独立完成酒杯模型的数控车加工任务。

7. 能在教师的指导下解决加工中出现的常见问题。

8. 能对酒杯模型进行正确的测量，评估与判断零件质量是否合格，并提出改进措施。

9. 能按车间现场 6S 管理的要求，整理现场，保养设备并填写保养记录。

10. 能主动获取有效信息，展示工作成果，对学习与工作进行反思总结，并能与他人开展良好合作，进行有效沟通。

建议学时

40 学时

工作情境描述

某酒业公司为了馈赠客户小礼品，拓展市场业务，委托我校设计并加工一款新颖的酒杯模型（见下图），数量100件，外形控制在ϕ40 mm×100 mm以内，包工包料，工期10天。学校产学研小组接到业务后，立即组织力量进行设计，现将设计好的酒杯模型加工任务分配给数控车工教研组，由实习教师带领学生完成产品的加工任务。

酒杯模型实体图

工作流程与活动

1. 酒杯模型加工工艺分析与编程
2. 酒杯模型的数控车加工
3. 酒杯模型的检验与质量分析
4. 工作总结与评价

学习活动 1　酒杯模型加工工艺分析与编程

学习目标

1. 能阅读生产任务单，明确工作任务，制订出合理的工作进度计划。

2. 能根据零件图样，填写酒杯模型的加工工艺卡。

3. 能根据加工工艺、酒杯模型材料和形状特征等选择刀具和刀具几何参数，并确定数控加工合理的切削用量。

4. 能根据工艺要求合理选择零件的装夹方式。

5. 能利用 CAD 软件查找图样中的未知坐标点。

6. 能合理制定酒杯模型的数控加工工艺路线，并填写数控加工工序卡。

7. 能完成酒杯模型数控车加工程序的编制。

建议学时　12 学时

学习过程

一、阅读生产任务单

酒杯模型生产任务单

单位名称				完成时间	年　月　日
序号	产品名称	材料	生产数量	技术标准、质量要求	
1	酒杯模型	45 钢或铝棒	100 件	按图样要求	
2					

续表

序号	产品名称	材料	生产数量	技术标准、质量要求		
3						
生产批准时间		年　月　日	批准人			
通知任务时间		年　月　日	发单人			
接单时间		年　月　日	接单人		生产班组	数控车工组

注：生产任务单与零件图样等一起领取。

1．酒杯一般有哪些特点？生活中常见的酒杯都是用什么材料制成的？本任务要制作的酒杯模型采用的是什么材料？

2．本生产任务工期为 10 天，试依据任务要求，制订合理的工作进度计划，并根据小组成员的特点进行分工。

序号	工作内容	时间	成员	负责人
1	工艺分析			
2	编制程序			
3	车削加工			
4	成品检验与质量分析			

二、分析图样，制定酒杯模型加工工艺卡

1．识读酒杯模型零件图样

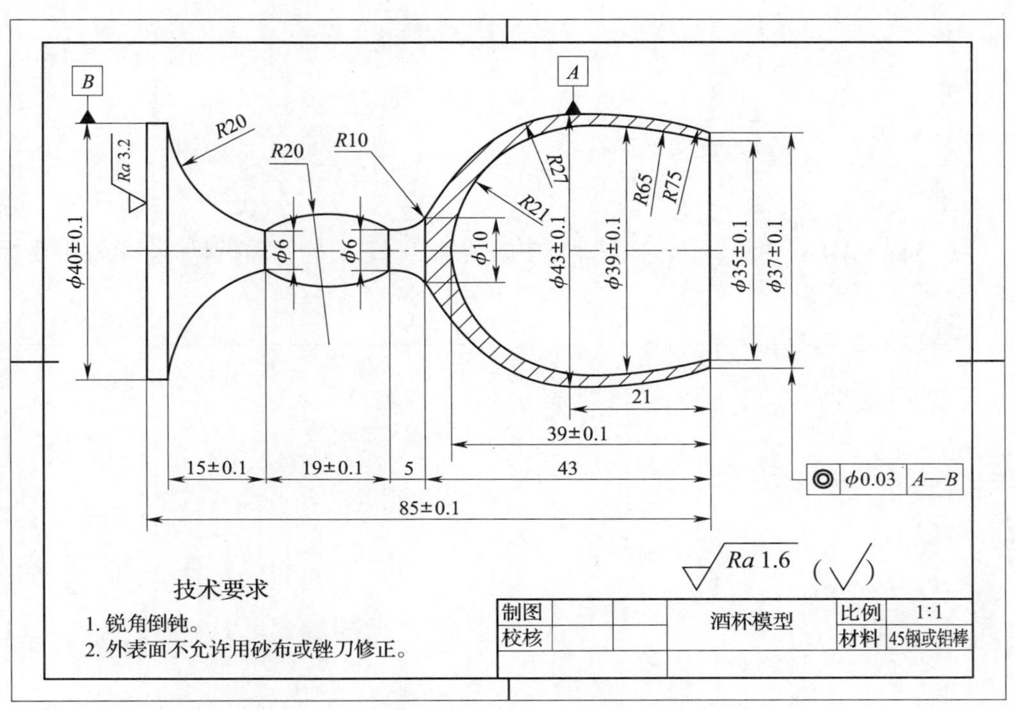

酒杯模型零件图样

（1）由酒杯模型零件图样可知，加工酒杯外形的刀具角度有什么特殊要求？

（2）酒杯的内孔形状有什么特点？用什么样的刀具加工比较合适？

（3）说明零件图样中形位公差 |◎|ϕ0.03|A—B| 在酒杯加工中的具体含义。

（4）通过 CAD 软件查找酒杯模型图样中的基点坐标，对外圆圆弧起点、终点的坐标进行标注。

（5）分析零件图样，在下表中写出酒杯模型的主要加工尺寸、几何公差要求及表面质量要求，为零件的编程做准备。

序号	项目	内容	偏差范围
1	主要加工尺寸		
2			
3			
4			

续表

<table>
<tr><th>序号</th><th>项目</th><th>内容</th><th>偏差范围</th></tr>
<tr><td>5</td><td rowspan="2">主要加工尺寸</td><td></td><td></td></tr>
<tr><td>6</td><td></td><td></td></tr>
<tr><td>7</td><td>几何公差要求</td><td></td><td></td></tr>
<tr><td>8</td><td>表面质量要求</td><td></td><td></td></tr>
</table>

2．制定酒杯模型加工工艺卡

试结合所学普通车床加工工艺知识，制定酒杯模型的加工工艺卡，并明确我校数控车工组需要完成的任务。

酒杯模型加工工艺卡

<table>
<tr><td rowspan="2">单位名称</td><td rowspan="2"></td><td colspan="3">产品名称</td><td colspan="2"></td><td>图号</td><td colspan="2"></td></tr>
<tr><td colspan="3">零件名称</td><td></td><td>数量</td><td colspan="2"></td><td>第　页</td></tr>
<tr><td>材料种类</td><td></td><td>材料牌号</td><td colspan="2"></td><td>毛坯尺寸</td><td colspan="3"></td><td>共　页</td></tr>
<tr><td rowspan="2">工序号</td><td rowspan="2">工序内容</td><td rowspan="2">车间</td><td rowspan="2">设备</td><td colspan="3">工具</td><td rowspan="2">计划工时</td><td rowspan="2">实际工时</td></tr>
<tr><td>夹具</td><td>量具</td><td>刃具</td></tr>
<tr><td>1</td><td></td><td></td><td></td><td></td><td></td><td></td><td></td><td></td></tr>
<tr><td>2</td><td></td><td></td><td></td><td></td><td></td><td></td><td></td><td></td></tr>
<tr><td>3</td><td></td><td></td><td></td><td></td><td></td><td></td><td></td><td></td></tr>
</table>

续表

<table>
<tr><th rowspan="2">工序号</th><th rowspan="2">工序内容</th><th rowspan="2">车间</th><th rowspan="2">设备</th><th colspan="3">工具</th><th rowspan="2">计划工时</th><th rowspan="2">实际工时</th></tr>
<tr><th>夹具</th><th>量具</th><th>刃具</th></tr>
<tr><td>4</td><td></td><td></td><td></td><td></td><td></td><td></td><td></td><td></td></tr>
<tr><td>5</td><td></td><td></td><td></td><td></td><td></td><td></td><td></td><td></td></tr>
<tr><td>6</td><td></td><td></td><td></td><td></td><td></td><td></td><td></td><td></td></tr>
<tr><td>7</td><td></td><td></td><td></td><td></td><td></td><td></td><td></td><td></td></tr>
<tr><td>更改号</td><td></td><td colspan="2">拟定</td><td colspan="2">校正</td><td colspan="2">审核</td><td>批准</td></tr>
<tr><td>更改者</td><td></td><td colspan="2"></td><td colspan="2"></td><td colspan="2"></td><td></td></tr>
<tr><td>日期</td><td></td><td colspan="2"></td><td colspan="2"></td><td colspan="2"></td><td></td></tr>
</table>

三、数控加工工艺分析

1. 酒杯模型的壁较薄，若加工中采用一般的装夹方法，能否满足要求？为什么？试画出酒杯模型的装夹示意图。

2. 酒杯模型的颈部较细，加工时容易产生过热变形，因此加工中应采取什么措施来预防？

3. 根据酒杯模型加工内容，完成酒杯模型加工的车削刀具卡。

酒杯模型加工的车削刀具卡

<table>
<tr><td colspan="2">产品名称或代号</td><td></td><td>零件名称</td><td colspan="2"></td><td>零件图号</td><td></td></tr>
<tr><td>刀具号</td><td colspan="2">刀具名称</td><td>数量</td><td colspan="2">加工内容</td><td>刀尖半径
（mm）</td><td>刀具规格
（mm × mm）</td></tr>
<tr><td></td><td colspan="2"></td><td></td><td colspan="2"></td><td></td><td></td></tr>
<tr><td></td><td colspan="2"></td><td></td><td colspan="2"></td><td></td><td></td></tr>
<tr><td></td><td colspan="2"></td><td></td><td colspan="2"></td><td></td><td></td></tr>
<tr><td></td><td colspan="2"></td><td></td><td colspan="2"></td><td></td><td></td></tr>
<tr><td></td><td colspan="2"></td><td></td><td colspan="2"></td><td></td><td></td></tr>
<tr><td></td><td colspan="2"></td><td></td><td colspan="2"></td><td></td><td></td></tr>
<tr><td></td><td colspan="2"></td><td></td><td colspan="2"></td><td></td><td></td></tr>
<tr><td></td><td colspan="2"></td><td></td><td colspan="2"></td><td></td><td></td></tr>
<tr><td></td><td colspan="2"></td><td></td><td colspan="2"></td><td></td><td></td></tr>
<tr><td>编制</td><td></td><td>审核</td><td></td><td>批准</td><td></td><td>第　页</td><td>共　页</td></tr>
</table>

4. 根据上述分析，小组讨论制定酒杯模型的数控加工工序卡。

酒杯模型数控加工工序卡

<table>
<tr><td rowspan="2">单位名称</td><td rowspan="2"></td><td colspan="2">产品名称或代号</td><td colspan="2">零件名称</td><td colspan="2">零件图号</td></tr>
<tr><td colspan="2"></td><td colspan="2"></td><td colspan="2"></td></tr>
<tr><td>工序号</td><td>程序编号</td><td colspan="2">夹具名称</td><td colspan="2">使用设备</td><td colspan="2">车间</td></tr>
<tr><td></td><td></td><td colspan="2"></td><td colspan="2"></td><td colspan="2"></td></tr>
<tr><td>工步号</td><td>工步内容</td><td>刀具号</td><td>刀具规格
(mm)</td><td>主轴转速
(r/min)</td><td>进给速度
(mm/min)</td><td>背吃刀量
(mm)</td><td>备注</td></tr>
<tr><td></td><td></td><td></td><td></td><td></td><td></td><td></td><td></td></tr>
<tr><td></td><td></td><td></td><td></td><td></td><td></td><td></td><td></td></tr>
<tr><td></td><td></td><td></td><td></td><td></td><td></td><td></td><td></td></tr>
<tr><td></td><td></td><td></td><td></td><td></td><td></td><td></td><td></td></tr>
<tr><td></td><td></td><td></td><td></td><td></td><td></td><td></td><td></td></tr>
<tr><td></td><td></td><td></td><td></td><td></td><td></td><td></td><td></td></tr>
<tr><td></td><td></td><td></td><td></td><td></td><td></td><td></td><td></td></tr>
<tr><td>编制</td><td></td><td>审核</td><td></td><td>批准</td><td></td><td>共　页</td><td>第　页</td></tr>
</table>

四、编制程序

1. 根据图样确定编程原点并在图中标出。

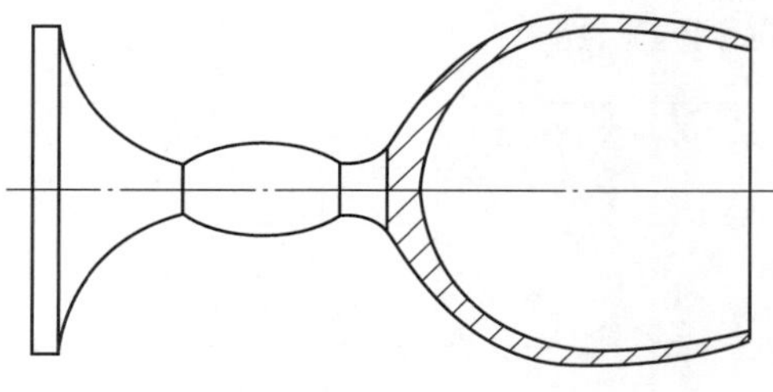

酒杯模型加工编程原点

2. 酒杯模型的内表面加工能否用 G71 或者 G73 循环指令，为什么?

3. 根据零件图样及加工工艺，结合所学数控系统，归纳出酒杯模型加工用到的编程指令（包括 G 代码指令和辅助指令）。

酒杯模型加工用到的编程指令

序号	选择的指令	指令格式
1		
2		
3		
4		
5		
6		
7		
8		
9		

4．为了节省空行程运行时间，一般可在程序编制上做哪些修改?

5．根据零件加工步骤及编程分析，小组讨论完成酒杯模型数控车加工程序的编制。

（1）酒杯模型外形加工程序

程序段号	酒杯模型（外形）	O0001；
	加工程序	程序说明
N5		
N10		
N15		
N20		
N25		
N30		
N35		
N40		
N45		
N50		
N55		

续表

程序段号	酒杯模型（外形）	O0001；
	加工程序	程序说明
N60		
N65		
N70		
N75		
N80		
N85		
N90		
N95		
N100		
N105		
N110		
N115		
N120		
N125		
N130		
N135		
N140		
N145		
N150		

（2）酒杯模型内表面加工程序

程序段号	酒杯模型（内表面）	O0002;
	加工程序	程序说明
N5		
N10		
N15		
N20		
N25		
N30		
N35		
N40		
N45		
N50		
N55		
N60		
N65		
N70		
N75		
N80		
N85		
N90		
N95		
N100		
N105		
N110		

续表

程序段号	酒杯模型（内表面）	O0002；
	加工程序	程序说明
N115		
N120		
N125		
N130		
N135		
N140		
N145		
N150		

7．通过仿真软件验证零件的车削程序，记录并纠正程序中不合理的地方。

学习活动 2　酒杯模型的数控车加工

学习目标

1. 能根据酒杯模型零件图样，确定符合加工要求的工、量、夹具及辅件。

2. 能根据图样要求合理选择内、外圆弧车刀切削部分的宽度和长度。

3. 能解决零件内圆弧加工车刀刃磨过程中容易出现的问题并提出解决方案。

4. 能熟练装夹工件，并对其进行找正。

5. 能正确规范地装夹镗孔数控车刀，并运用适当对刀方法正确对刀。

6. 能正确输入零件的加工程序，应用数控车床的模拟检验功能，检查程序编写中的错误，并对程序进行优化。

7. 能在酒杯模型加工过程中，严格按照数控车床操作规程操作机床。

8. 能按加工要求，选用合适的切断刀正确切断工件。

9. 能根据切削状态调整切削用量，保证正常切削，并适时检测，保证酒杯模型加工精度。

10. 能独立解决加工中出现的程序报警及机床简单故障。

11. 能按车间现场 6S 管理和产品工艺流程的要求，正确规范地保养机床，进行产品交接并规范填写交接班记录表。

建议学时　20 学时

学习过程

一、加工准备

1. 领取工、量、刃具

填写工、量、刃具清单，并领取工、量、刃具。

工、量、刃具清单

序号	名称	规格	数量	备注
1				
2				
3				
4				
5				
6				
7				
8				
9				
10				

2. 领取毛坯料

领取毛坯料，并测量毛坯外形尺寸，判断毛坯是否有足够的加工余量。

3. 选择切削液

根据加工对象及所用刀具，选择本次加工所用切削液。

4. 开机准备

（1）做好开机前的主要检查及准备工作（如给相关部位加油、检查油标等）。

（2）内、外圆弧车刀在几何形状上有什么区别？刃磨内圆弧车刀时应注意哪些事项？

（3）酒杯模型图样上的圆弧相切较多，加工时刀具的刀尖半径选择多大才能使其光滑连接？

（4）钻孔时如何保证孔的长度准确?

二、零件加工

1. 按照数控车床操作安全规程检查各项均符合要求后，送电开机。

2. 按正确操作顺序，进行回机床参考点操作。

3. 正确装夹工件，并对其进行找正。

4. 正确装夹刀具，确保刀具牢固可靠，并设定主轴手动转速。

5. 按加工先后次序，采用试切法正确对刀。

6. 程序输入与校验

（1）输入并调试酒杯模型数控车加工程序。

（2）记录程序输入时产生的报警号，并说明产生报警的原因及解决办法。

报警号	报警内容	报警原因	解决办法

7. 自动加工

(1) 加工中注意观察刀具切削情况，记录加工中不合理的因素，以便于纠正，提高工作效率（例如，切削用量、加工路径是否合理，刀具是否有干涉等）。

酒杯模型加工中遇到的问题

问题	产生原因	预防措施或改进方法

(2) 案例分析 1：在加工酒杯模型外形时，零件在 $\phi 6$ mm 外圆处发生断裂，试说明原因及解决的方法。

(3) 案例分析 2：加工酒杯模型时会发出刺耳的声音，这是什么原因造成的？应怎样避免？

三、保养机床、清理场地

加工完毕后，按照图样要求进行自检，正确放置零件，并进行产品交接确认；按照国家环保相关规定和车间要求整理现场，清扫切屑，保养机床，并正确处置废油液等废弃物；按车间规定填写交接班记录和设备日常保养记录卡（见附表）。

学习活动3　酒杯模型的检验与质量分析

学习目标

1. 能根据酒杯模型图样，合理选择检验工具和量具，确定检测方法。

2. 能正确规范地使用工、量具对酒杯模型进行检验，并对工、量具进行合理保养和维护。

3. 能根据酒杯模型的测量结果，分析误差产生的原因，并提出修改意见。

4. 能按检验室管理要求，正确放置检验用工、量具。

建议学时　6学时

学习过程

一、明确测量要素，领取检测用工、量具

1. 酒杯模型上有哪些要素需要测量?

2. 根据酒杯模型的测量要素，写出检测酒杯模型所需的工、量具，并填入表中。

检测酒杯模型所需的工、量具

序号	名称	规格（精度）	检测内容	备注
1				
2				
3				
4				
5				
6				
7				

二、检测零件，填写酒杯模型质量检验单

根据图样要求，自检酒杯模型零件，并完成零件质量检验单。

酒杯模型质量检验单

项目	序号	内容	检测结果	结论
外圆	1	ϕ（40±0.1）mm		
	2	ϕ（37±0.1）mm		
	3	ϕ（35±0.1）mm		
	4	ϕ（43±0.1）mm		
	5	ϕ（39±0.1）mm		
	6	ϕ6 mm		
	7	ϕ10 mm		

续表

项目	序号	内容	检测结果	结论
长度	8	(85 ±0.1) mm		
	9	(15 ±0.1) mm		
	10	(19 ±0.1) mm		
	11	(39 ±0.1) mm		
	12	5 mm		
	13	43 mm		
	14	21 mm		
圆弧	15	R20 mm		
	16	R10 mm		
	17	R27 mm		
	18	R21 mm		
	19	R75 mm		
	20	R65 mm		
同轴度	21	◎ | ϕ0.03 | A—B		
表面质量	22	Ra1.6 μm		
酒杯模型检测结论				
产生不合格品的情况分析				

三、提出工艺方案修改意见

对不合格项目进行分析，小组讨论提出修改意见。

不合格项目	产生原因	修改意见
尺寸不对		
圆弧连接不光滑		
表面粗糙度达不到要求		
孔壁有振纹		

学习活动4　工作总结与评价

学习目标

1. 能按照酒杯模型加工综合评价表完成自评。

2. 能按分组情况，分别派代表展示酒杯模型加工成果，说明本次任务的完成情况，并作分析总结。

3. 能结合自身任务完成情况，正确规范地撰写工作总结（心得体会）。

4. 能就本次任务中出现的问题，提出改进措施。

5. 能对学习与工作进行反思总结，并能与他人开展良好合作，进行有效沟通。

建议学时　2学时

学习过程

一、自我评价

酒杯模型加工综合评价表

工件编号		技术要求	配分	总得分		
项目	序号			评分标准	检测记录	得分
机床操作（20%）	1	正确开启机床、检查	4	不正确、不合理无分		
	2	机床返回参考点	4	不正确、不合理无分		
	3	程序的输入及修改	4	不正确、不合理无分		
	4	程序空运行轨迹检查	4	不正确、不合理无分		
	5	对刀的方式、方法	4	不正确、不合理无分		

续表

工件编号				总得分		
项目	序号	技术要求	配分	评分标准	检测记录	得分
程序与工艺（20%）	6	程序格式规范	4	不合格每处扣 1 分		
	7	程序正确、完整	8	不合格每处扣 2 分		
	8	工艺合理	8	不合格每处扣 2 分		
零件质量（50%）	9	ϕ（40 ±0.1）mm	3	超差不得分		
	10	ϕ（37 ±0.1）mm	2	超差不得分		
	11	ϕ（35 ±0.1）mm	2	超差不得分		
	12	ϕ（43 ±0.1）mm	2	超差不得分		
	13	ϕ（39 ±0.1）mm	2	超差不得分		
	14	ϕ6 mm	2	超差不得分		
	15	ϕ10 mm	1	超差不得分		
	16	（85 ±0.1）mm	4	超差不得分		
	17	（15 ±0.1）mm	3	超差不得分		
	18	（19 ±0.1）mm	3	超差不得分		
	19	（39 ±0.1）mm	3	超差不得分		
	20	5 mm	1	超差不得分		
	21	43 mm	1	超差不得分		
	22	21 mm	1	超差不得分		
	23	*R*20 mm	4	超差不得分		
	24	*R*10 mm	3	超差不得分		
	25	*R*27 mm	2	超差不得分		
	26	*R*21 mm	2	超差不得分		
	27	*R*75 mm	2	超差不得分		
	28	*R*65 mm	2	超差不得分		
	29	◎ | ϕ0.03 | *A*—*B*	4	超差不得分		
	30	*Ra*1.6 μm	1	降级不得分		

续表

工件编号				总得分		
项目	序号	技术要求	配分	评分标准	检测记录	得分
安全文明生产（10%）	31	安全操作	5	不按安全操作规程操作全扣分		
	32	机床清理	5	不合格全扣分		
总配分			100			

二、展示评价（小组评价）

把个人制作好的酒杯模型先进行分组展示，再由小组推荐代表作必要的介绍。在展示过程中，以组为单位进行评价；评价完成后，根据其他组成员对本组展示成果的评价意见进行归纳总结。完成如下项目：

1．展示的酒杯模型符合技术标准吗？

合格□　　不良□　　返修□　　报废□

2．本小组介绍成果表达是否清晰？

很好□　　一般，常补充□　　不清晰□

3．本小组演示的酒杯模型检测方法操作正确吗？

正确□　　部分正确□　　不正确□

4．本小组演示操作时遵循了“6S”的工作要求吗？

符合工作要求□　　忽略了部分要求□　　完全没有遵循□

5．本小组的检测量具、量仪保养完好吗？

良好□　　一般□　　不合要求□

6．本小组的成员团队创新精神如何？

良好□　　一般□　　不足□

三、教师评价

教师对展示的作品分别作评价。

1．找出各组的优点进行点评。

2．对展示过程中各组的缺点进行点评，提出改进方法。

3．对整个任务完成中出现的亮点和不足进行点评。

四、总结提升

1．根据酒杯模型加工质量及完成情况，分析酒杯模型编程与加工中的不合理处及其原因并提出改进意见，填入表中。

酒杯模型加工不合理处及改进意见

序号	工作内容	不合理处	不合理的原因	改进意见
1	零件工艺处理与编程			
2	零件数控车加工			
3	零件质量			

2．试结合自身任务完成情况，通过交流讨论等方式较全面规范地撰写本次任务的工作总结。

工作总结（心得体会）

评价与分析

学习任务五评价表

班级：__________ 学生姓名：__________ 学号：________

项目	自我评价			小组评价			教师评价		
	10～9	8～6	5～1	10～9	8～6	5～1	10～9	8～6	5～1
	占总评 10%			占总评 30%			占总评 60%		
学习活动 1									
学习活动 2									
学习活动 3									
学习活动 4									
表达能力									
协作精神									
纪律观念									
工作态度									
分析能力									
操作规范性									
任务总体表现									
小计									
总评									

任课教师：________ 年 月 日

学习任务六　圆锥管接头的数控车加工

1. 能根据圆锥管接头零件图样，制定圆锥管接头的加工工艺，填写圆锥管接头的加工工艺卡。

2. 能对圆锥管接头进行编程前的数学处理。

3. 能合理制定圆锥管接头的数控加工工艺路线，并填写数控加工工序卡。

4. 能根据加工工艺，完成圆锥管接头数控车加工程序的编制。

5. 能应用数控车床的模拟检验功能，检查程序编写中的错误，并对程序进行优化。

6. 能独立完成圆锥管接头的数控车加工任务。

7. 能在教师的指导下解决加工中出现的常见问题。

8. 能对圆锥管接头进行正确的测量，评估与判断零件质量是否合格，并提出改进措施。

9. 能按车间现场6S管理的要求，整理现场，保养设备并填写保养记录。

10. 能主动获取有效信息，展示工作成果，对学习与工作进行反思总结，并能与他人开展良好合作，进行有效沟通。

40学时

某油田钻井队需更换一批钻杆连接件（圆锥管接头零件，见下图），数量为50件，来

料加工，工期 10 天。现生产主管部门委托我校数控车工组来完成连接件的加工任务。

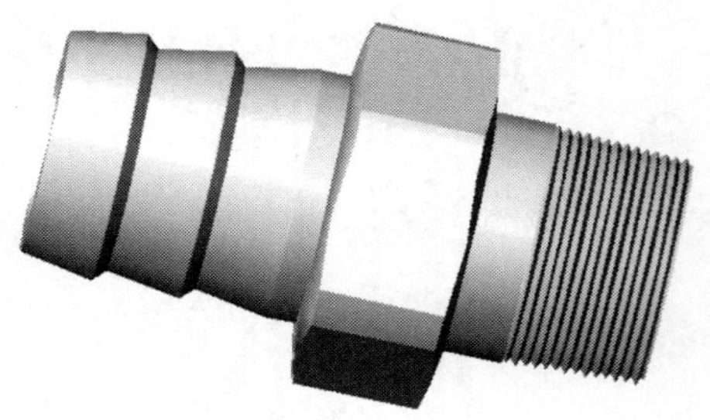

圆锥管接头实体图

工作流程与活动

1. 圆锥管接头加工工艺分析与编程
2. 圆锥管接头的数控车加工
3. 圆锥管接头的检验与质量分析
4. 工作总结与评价

学习活动1　圆锥管接头加工工艺分析与编程

学习目标

1. 能阅读生产任务单，明确工作任务，制订出合理的工作进度计划。

2. 能在CAD中绘制圆锥管接头零件图，并表述圆锥管接头的规定画法及标注方法。

3. 能根据零件图样，填写圆锥管接头的加工工艺卡。

4. 能根据加工工艺、圆锥管接头材料和形状特征等选择刀具和刀具几何参数，并确定数控加工合理的切削用量。

5. 能根据工艺要求合理选择零件的装夹方式。

6. 能对圆锥管接头进行编程前的数学处理。

7. 能合理制定圆锥管接头的数控加工工艺路线，并填写数控加工工序卡。

8. 能完成圆锥管接头数控车加工程序的编制。

建议学时　12学时

学习过程

一、阅读生产任务单

圆锥管接头生产任务单

单位名称				完成时间	年　月　日
序号	产品名称	材料	生产数量	技术标准、质量要求	
1	圆锥管接头	铜或铝棒	50件	按图样要求	

续表

<table>
<tr><th>序号</th><th>产品名称</th><th>材料</th><th>生产数量</th><th colspan="3">技术标准、质量要求</th></tr>
<tr><td>2</td><td></td><td></td><td></td><td colspan="3"></td></tr>
<tr><td>3</td><td></td><td></td><td></td><td colspan="3"></td></tr>
<tr><td colspan="2">生产批准时间</td><td>年　月　日</td><td>批准人</td><td></td><td></td><td></td></tr>
<tr><td colspan="2">通知任务时间</td><td>年　月　日</td><td>发单人</td><td></td><td></td><td></td></tr>
<tr><td colspan="2">接单时间</td><td>年　月　日</td><td>接单人</td><td></td><td>生产班组</td><td>数控车工组</td></tr>
</table>

注：生产任务单与零件图样等一起领取。

1．列举生活中应用了圆锥管接头的场合，并说明圆锥管接头的主要用途。

2．本生产任务工期为 10 天，试依据任务要求，制订合理的工作进度计划，并根据小组成员的特点进行分工。

序号	工作内容	时间	成员	负责人
1	工艺分析			
2	编制程序			
3	车削加工			
4	成品检验与质量分析			

二、分析图样，制定圆锥管接头加工工艺卡

1．识读圆锥管接头零件图样

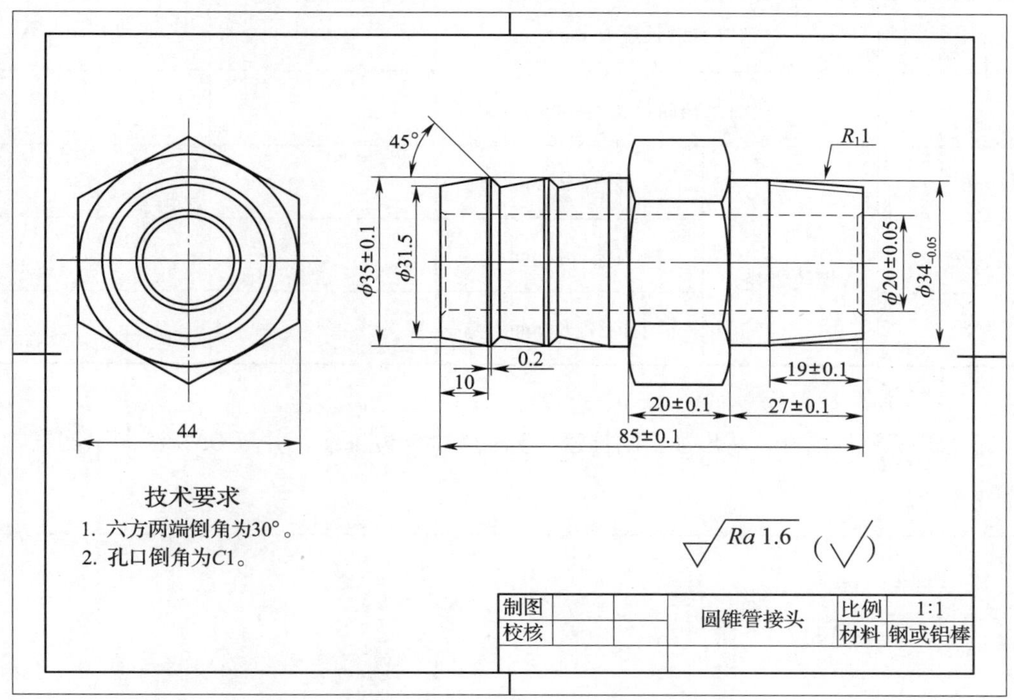

圆锥管接头零件图样

（1）查阅资料，说明圆锥螺纹 $R_1 1$ 的含义。

（2）查阅资料，写出下表中圆锥螺纹主要加工参数的尺寸及技术要求。

序号	加工参数	尺寸	技术要求
1	公称直径/in		
2	每英寸牙数		
3	螺距/mm		

续表

<table>
<tr><th>序号</th><th colspan="2">加工参数</th><th>尺寸</th><th>技术要求</th></tr>
<tr><td>4</td><td colspan="2">螺纹有效长度 l_1/mm</td><td></td><td></td></tr>
<tr><td>5</td><td colspan="2">端面至基面长度 l_2/mm</td><td></td><td></td></tr>
<tr><td>6</td><td rowspan="3">基面上
螺纹直径</td><td>外径 d/mm</td><td></td><td></td></tr>
<tr><td>7</td><td>中径 d_2/mm</td><td></td><td></td></tr>
<tr><td>8</td><td>内径 d_1/mm</td><td></td><td></td></tr>
</table>

（3）分析零件图样，写出加工圆锥管接头零件的定位基准，并用 CAD 绘制出圆锥管接头零件图。

（4）分析零件图样，在下表中写出圆锥管接头主要加工尺寸的公差要求及表面质量要求，为零件的编程做准备。

<table>
<tr><th>序号</th><th>项目</th><th>内容</th><th>偏差范围</th></tr>
<tr><td>1</td><td rowspan="6">主要加工尺寸</td><td></td><td></td></tr>
<tr><td>2</td><td></td><td></td></tr>
<tr><td>3</td><td></td><td></td></tr>
<tr><td>4</td><td></td><td></td></tr>
<tr><td>5</td><td></td><td></td></tr>
<tr><td>6</td><td></td><td></td></tr>
<tr><td>7</td><td>表面质量要求</td><td></td><td></td></tr>
</table>

2. 制定圆锥管接头加工工艺卡

试结合所学普通车床加工工艺知识，制定圆锥管接头零件的加工工艺卡，并明确我校数控车工组需要完成的任务。

圆锥管接头加工工艺卡

<table>
<tr><td rowspan="2">单位名称</td><td rowspan="2"></td><td colspan="3">产品名称</td><td colspan="2"></td><td>图号</td><td></td></tr>
<tr><td colspan="3">零件名称</td><td></td><td>数量</td><td></td><td>第　页</td></tr>
<tr><td>材料种类</td><td></td><td>材料牌号</td><td colspan="2"></td><td>毛坯尺寸</td><td colspan="2"></td><td>共　页</td></tr>
<tr><td rowspan="2">工序号</td><td rowspan="2">工序内容</td><td rowspan="2">车间</td><td rowspan="2">设备</td><td colspan="3">工具</td><td rowspan="2">计划工时</td><td rowspan="2">实际工时</td></tr>
<tr><td>夹具</td><td>量具</td><td>刃具</td></tr>
<tr><td>1</td><td></td><td></td><td></td><td></td><td></td><td></td><td></td><td></td></tr>
<tr><td>2</td><td></td><td></td><td></td><td></td><td></td><td></td><td></td><td></td></tr>
<tr><td>3</td><td></td><td></td><td></td><td></td><td></td><td></td><td></td><td></td></tr>
</table>

续表

工序号	工序内容	车间	设备	工具			计划工时	实际工时
				夹具	量具	刃具		
4								
5								
6								
7								

更改号		拟定	校正	审核	批准
更改者					
日期					

三、数控加工工艺分析

1. 加工圆锥管接头零件时，应采取什么样的装夹方法?

2. 圆锥管接头的外六角形有什么作用？用什么机床加工六角形更合适？

3. 根据圆锥管接头零件图样，小组讨论初步确定零件的加工步骤。

4. 根据圆锥管接头加工内容，完成圆锥管接头加工的车削刀具卡。

圆锥管接头加工的车削刀具卡

<table>
<tr><td colspan="2">产品名称或代号</td><td></td><td>零件名称</td><td colspan="2"></td><td>零件图号</td><td></td></tr>
<tr><td>刀具号</td><td colspan="2">刀具名称</td><td>数量</td><td colspan="2">加工内容</td><td>刀尖半径
(mm)</td><td>刀具规格
(mm×mm)</td></tr>
<tr><td></td><td colspan="2"></td><td></td><td colspan="2"></td><td></td><td></td></tr>
<tr><td></td><td colspan="2"></td><td></td><td colspan="2"></td><td></td><td></td></tr>
<tr><td></td><td colspan="2"></td><td></td><td colspan="2"></td><td></td><td></td></tr>
<tr><td></td><td colspan="2"></td><td></td><td colspan="2"></td><td></td><td></td></tr>
<tr><td></td><td colspan="2"></td><td></td><td colspan="2"></td><td></td><td></td></tr>
<tr><td></td><td colspan="2"></td><td></td><td colspan="2"></td><td></td><td></td></tr>
<tr><td></td><td colspan="2"></td><td></td><td colspan="2"></td><td></td><td></td></tr>
<tr><td>编制</td><td></td><td>审核</td><td></td><td>批准</td><td></td><td>第　页</td><td>共　页</td></tr>
</table>

5. 根据上述分析，小组讨论制定圆锥管接头的数控加工工序卡。

圆锥管接头数控加工工序卡

单位名称		产品名称或代号		零件名称		零件图号	
工序号	程序编号	夹具名称		使用设备		车间	
工步号	工步内容	刀具号	刀具规格（mm）	主轴转速（r/min）	进给速度（mm/min）	背吃刀量（mm）	备注
编制		审核		批准		共　页	第　页

四、编制程序

1. 根据图样确定编程原点并在图中标出。

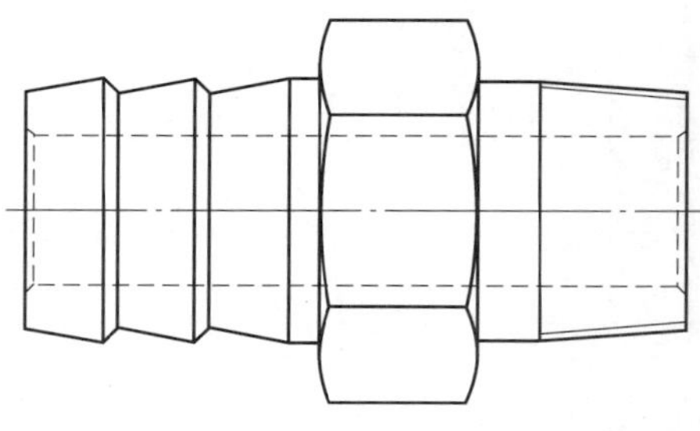

圆锥管接头加工编程原点

2．圆锥管接头上的锥螺纹用什么指令加工比较合适？试写出指令格式。

3．根据零件图样及加工工艺，结合所学数控系统，归纳出圆锥管接头加工用到的编程指令（包括G代码指令和辅助指令）。

圆锥管接头加工用到的编程指令

序号	选择的指令	指令格式
1		
2		
3		
4		
5		
6		
7		
8		
9		
10		
11		

4. 根据零件加工步骤及编程分析，小组讨论完成圆锥管接头数控车加工程序的编制。

（1）圆锥管接头右端加工程序

程序段号	圆锥管接头（右端）	O0001;
	加工程序	程序说明
N5		
N10		
N15		
N20		
N25		
N30		
N35		
N40		
N45		
N50		
N55		
N60		
N65		
N70		
N75		
N80		
N85		
N90		
N95		
N100		
N105		
N110		
N115		

续表

程序段号	圆锥管接头（右端）	O0001；
	加工程序	程序说明
N120		
N125		
N130		
N135		
N140		
N145		
N150		

（2）圆锥管接头左端加工程序

程序段号	圆锥管接头（左端）	O0002；
	加工程序	程序说明
N5		
N10		
N15		
N20		
N25		
N30		
N35		
N40		
N45		
N50		
N55		
N60		
N65		

续表

程序段号	圆锥管接头（左端）	O0002；
	加工程序	程序说明
N70		
N75		
N80		
N85		
N90		
N95		
N100		
N105		
N110		
N115		
N120		
N125		
N130		
N135		
N140		
N145		
N150		

6．通过仿真软件验证零件的车削程序，记录并纠正程序中不合理的地方。

学习活动2　圆锥管接头的数控车加工

学习目标

1. 能根据圆锥管接头零件图样，确定符合加工要求的工、量、夹具及辅件。

2. 能熟练装夹工件，并对其进行找正。

3. 能正确规范地装夹数控车刀，并运用适当对刀方法正确对刀。

4. 能正确输入零件的加工程序，应用数控车床的模拟检验功能，检查程序编写中的错误，并对程序进行优化。

5. 能在圆锥管接头加工过程中，严格按照数控车床操作规程操作机床。

6. 能根据切削状态调整切削用量，保证正常切削，并适时检测，保证圆锥管接头加工精度。

7. 能独立解决加工中出现的程序报警及机床简单故障。

8. 能按车间现场6S管理和产品工艺流程的要求，正确规范地保养机床，进行产品交接并规范填写交接班记录表。

建议学时　20学时

学习过程

一、加工准备

1. 领取工、量、刃具

填写工、量、刃具清单，并领取工、量、刃具。

工、量、刃具清单

序号	名称	规格	数量	备注
1				
2				
3				
4				
5				
6				
7				
8				
9				
10				

2．领取毛坯料

领取毛坯料，并测量毛坯外形尺寸，判断毛坯是否有足够的加工余量。

3．选择切削液

根据加工对象及所用刀具，选择本次加工所用切削液。

4. 开机准备

（1）做好开机前的主要检查及准备工作（如给相关部位加油、检查油标等）。

（2）检查毛坯上道工序中加工的六角形是否符合要求，并做好记录。

（3）数控程序一般都要经过模拟检验才能正式用于加工，但是这种方法只能检验出刀具运动轨迹是否正确，不能检验出对刀、刀具调整不当或计算误差引起的加工误差，所以进行批量生产时有必要增加首件试切这一环节。当发现有加工误差或不符合图样要求时，应分析误差产生的原因，以便修改加工程序或采取刀尖半径补偿等措施，直到加工出符合图样要求的零件。试说明应如何操作数控车床对工件进行首件试切。

（4）加工圆锥螺纹时，如何保证圆锥管接头零件的牙型与锥面是垂直的?

二、零件加工

1. 按照数控车床操作安全规程检查各项均符合要求后，送电开机。

2. 按正确操作顺序，进行回机床参考点操作。

3. 正确装夹工件，并对其进行找正。

4. 正确装夹刀具，确保刀具牢固可靠，并设定主轴手动转速。

5. 按加工先后次序，采用试切法正确对刀。

6. 程序输入与校验

（1）输入并调试圆锥管接头数控车加工程序。

（2）记录程序输入时产生的报警号，并说明产生报警的原因及解决办法。

报警号	报警内容	报警原因	解决办法

7. 自动加工

（1）加工中注意观察刀具切削情况，记录加工中不合理的因素，以便于纠正，提高工作效率（例如，切削用量、加工路径是否合理，刀具是否有干涉等）。

圆锥管接头零件加工中遇到的问题

问题	产生原因	预防措施或改进方法

（2）案例分析：用35°外圆车刀车削外圆时，发现铁屑缠绕工件。试分析如不采取措施，将会出现什么样的后果？应采取什么措施来避免铁屑缠绕工件？

三、保养机床、清理场地

加工完毕后，按照图样要求进行自检，正确放置零件，并进行产品交接确认；按照国家环保相关规定和车间要求整理现场，清扫切屑，保养机床，并正确处置废油液等废弃物；按车间规定填写交接班记录和设备日常保养记录卡（见附表）。

学习活动3　圆锥管接头的检验与质量分析

学习目标

1. 能根据圆锥管接头图样，合理选择检验工具和量具，确定检测方法。

2. 能正确规范地使用工、量具对圆锥管接头进行检验，并对工、量具进行合理保养和维护。

3. 能根据圆锥管接头的测量结果，分析误差产生的原因，并提出修改意见。

4. 能按检验室管理要求，正确放置检验用工、量具。

建议学时　6学时

学习过程

一、明确测量要素，领取检测用工、量具

1. 圆锥管接头零件上有哪些要素需要测量?

2. 根据圆锥管接头需要测量的要素，写出检测圆锥管接头所需的工、量具，并填入表中。

检测圆锥管接头所需的工、量具

序号	名称	规格（精度）	检测内容	备注
1				
2				
3				
4				
5				
6				
7				

二、检测零件，填写圆锥管接头质量检验单

1. 根据图样要求，自检圆锥管接头零件，并完成零件质量检验单。

圆锥管接头质量检验单

项目	序号	内容	检测结果	结论
外圆	1	ϕ（35 ±0.1）mm		
	2	$\phi34_{-0.05}^{0}$ mm		
	3	ϕ31.5 mm		
内孔	4	ϕ（20 ±0.05）mm		
长度	5	（85 ±0.1）mm		
	6	（27 ±0.1）mm		
	7	（20 ±0.1）mm		
	8	（19 ±0.1）mm		
	9	0.2 mm、10 mm		

续表

项目	序号	内容	检测结果	结论
圆锥螺纹	10	$R_1 1$		
锥度	11	45°		
外六角形	12	44 mm		
表面质量	13	*Ra*1.6 μm		
倒角	14	*C*1 mm		
圆锥管接头检测结论				
产生不合格品的情况分析				

2. 案例分析1：通过检测发现，圆锥螺纹牙齿高度不均匀，深浅不一致，试分析原因，并提出改进措施。

3. 案例分析2：通过检测发现，ϕ（20±0.05）mm孔的一端尺寸为ϕ20.1 mm，另一端尺寸为ϕ20.3 mm，并且内孔有多处划痕。试分析产生的原因，并提出改进措施。

三、提出工艺方案修改意见

对不合格项目进行分析，小组讨论提出修改意见。

不合格项目	产生原因	修改意见
尺寸不对		
圆锥螺纹误差		
表面粗糙度达不到要求		

学习活动 4　工作总结与评价

学习目标

1. 能按照圆锥管接头加工综合评价表完成自评。

2. 能按分组情况，分别派代表展示圆锥管接头加工成果，说明本次任务的完成情况，并作分析总结。

3. 能结合自身任务完成情况，正确规范地撰写工作总结（心得体会）。

4. 能就本次任务中出现的问题，提出改进措施。

5. 能对学习与工作进行反思总结，并能与他人开展良好合作，进行有效沟通。

建议学时　2 学时

学习过程

一、自我评价

圆锥管接头加工综合评价表

工件编号		技术要求	配分	总得分		
项目	序号			评分标准	检测记录	得分
机床操作（20%）	1	正确开启机床、检查	4	不正确、不合理无分		
	2	机床返回参考点	4	不正确、不合理无分		
	3	程序的输入及修改	4	不正确、不合理无分		

续表

工件编号				总得分		
项目	序号	技术要求	配分	评分标准	检测记录	得分
机床操作（20%）	4	程序空运行轨迹检查	4	不正确、不合理无分		
	5	对刀的方式、方法	4	不正确、不合理无分		
程序与工艺（20%）	6	程序格式规范	4	不合格每处扣 1 分		
	7	程序正确、完整	8	不合格每处扣 2 分		
	8	工艺合理	8	不合格每处扣 2 分		
零件质量（50%）	9	$\phi(35 \pm 0.1)$ mm	4	超差不得分		
	10	$\phi 34_{-0.05}^{0}$ mm	4	超差不得分		
	11	$\phi 31.5$ mm	2	超差不得分		
	12	$\phi(20 \pm 0.05)$ mm	4	超差不得分		
	13	(85 ± 0.1) mm	4	超差不得分		
	14	(27 ± 0.1) mm	4	超差不得分		
	15	(20 ± 0.1) mm	4	超差不得分		
	16	(19 ± 0.1) mm	4	超差不得分		
	17	0.2 mm、10 mm	2	超差不得分		
	18	$R_1 1$	10	超差不得分		
	19	45°	2	超差不得分		
	20	44 mm	2	超差不得分		
	21	$Ra1.6$ μm	2	降级不得分		
	22	$C1$ mm	2	超差不得分		
安全文明生产（10%）	23	安全操作	5	不按安全操作规程操作全扣分		
	24	机床清理	5	不合格全扣分		
总配分			100			

二、展示评价（小组评价）

把个人制作好的圆锥管接头先进行分组展示，再由小组推荐代表作必要的介绍。在展示过程中，以组为单位进行评价；评价完成后，根据其他组成员对本组展示成果的评价意见进行归纳总结。完成如下项目：

1. 展示的圆锥管接头符合技术标准吗?

合格□　　不良□　　返修□　　报废□

2. 本小组介绍成果表达是否清晰?

很好□　　一般，常补充□　　不清晰□

3. 本小组演示的圆锥管接头检测方法操作正确吗?

正确□　　部分正确□　　不正确□

4. 本小组演示操作时遵循了“6S”的工作要求吗?

符合工作要求□　　忽略了部分要求□　　完全没有遵循□

5. 本小组的检测量具、量仪保养完好吗?

良好□　　一般□　　不合要求□

6. 本小组的成员团队创新精神如何?

良好□　　一般□　　不足□

三、教师评价

教师对展示的作品分别作评价。

1. 找出各组的优点进行点评。

2. 对展示过程中各组的缺点进行点评，提出改进方法。

3. 对整个任务完成中出现的亮点和不足进行点评。

四、总结提升

1. 根据圆锥管接头加工质量及完成情况，分析圆锥管接头编程与加工中的不合理处及其原因并提出改进意见，填入表中。

圆锥管接头加工不合理处及改进意见

序号	工作内容	不合理处	不合理的原因	改进意见
1	零件工艺处理与编程			

续表

序号	工作内容	不合理处	不合理的原因	改进意见
2	零件数控车加工			
3	零件质量			

2. 试结合自身任务完成情况，通过交流讨论等方式较全面规范地撰写本次任务的工作总结。

工作总结（心得体会）

评价与分析

学习任务六评价表

班级：__________　　　学生姓名 ：__________　　　学号：________

项目	自我评价			小组评价			教师评价		
	10 ~ 9	8 ~ 6	5 ~ 1	10 ~ 9	8 ~ 6	5 ~ 1	10 ~ 9	8 ~ 6	5 ~ 1
	占总评 10%			占总评 30%			占总评 60%		
学习活动 1									
学习活动 2									
学习活动 3									
学习活动 4									
表达能力									
协作精神									
纪律观念									
工作态度									
分析能力									
操作规范性									
任务总体表现									
小计									
总评									

任课教师：________　　年　　月　　日

学习任务七　灯泡底座模型的数控车加工

学习目标

1. 能根据灯泡底座模型零件图样，制定灯泡底座模型的加工工艺，填写灯泡底座模型的加工工艺卡。

2. 能合理制定灯泡底座模型的数控加工工艺路线，并填写数控加工工序卡。

3. 能根据加工工艺，完成灯泡底座模型数控车加工程序的编制。

4. 能应用数控车床的模拟检验功能，检查程序编写中的错误，并对程序进行优化。

5. 能独立完成灯泡底座模型的数控车加工任务。

6. 能在教师的指导下解决加工中出现的常见问题。

7. 能对灯泡底座模型进行正确的测量，评估与判断零件质量是否合格，并提出改进措施。

8. 能按车间现场6S管理的要求，整理现场，保养设备并填写保养记录。

9. 能主动获取有效信息，展示工作成果，对学习与工作进行反思总结，并能与他人开展良好合作，进行有效沟通。

建议学时

50学时

工作情境描述

某玩具公司委托我校加工一款螺口灯泡底座模型玩具（见下图），与灯泡模型玩具配套，加工数量为 30 件，来料加工，工期为 10 天。现学校将该任务分配给数控车教研组，由实习教师带领学生完成零件的加工。

灯泡底座模型实体图

工作流程与活动

1. 灯泡底座模型加工工艺分析与编程
2. 灯泡底座模型的数控车加工
3. 灯泡底座模型的检验与质量分析
4. 工作总结与评价

学习活动 1　灯泡底座模型加工工艺分析与编程

学习目标

1. 能阅读生产任务单，明确工作任务，制订出合理的工作进度计划。

2. 能根据零件图样，填写灯泡底座模型的加工工艺卡。

3. 能根据加工工艺、灯泡底座模型材料和形状特征等选择刀具和刀具几何参数，并确定数控加工合理的切削用量。

4. 能根据工艺要求合理选择零件的装夹方式。

5. 能合理制定灯泡底座模型的数控加工工艺路线，并填写数控加工工序卡。

6. 能完成灯泡底座模型数控车加工程序的编制。

建议学时　12 学时

学习过程

一、阅读生产任务单

灯泡底座模型生产任务单

<table>
<tr><td colspan="2">单位名称</td><td colspan="2"></td><td>完成时间</td><td colspan="2">年　月　日</td></tr>
<tr><td>序号</td><td>产品名称</td><td>材料</td><td>生产数量</td><td colspan="3">技术标准、质量要求</td></tr>
<tr><td>1</td><td>灯泡底座模型</td><td>45 钢或铝棒</td><td>30 件</td><td colspan="3">按图样要求</td></tr>
<tr><td>2</td><td></td><td></td><td></td><td colspan="3"></td></tr>
<tr><td>3</td><td></td><td></td><td></td><td colspan="3"></td></tr>
<tr><td colspan="2">生产批准时间</td><td>年　月　日</td><td>批准人</td><td></td><td></td><td></td></tr>
<tr><td colspan="2">通知任务时间</td><td>年　月　日</td><td>发单人</td><td></td><td></td><td></td></tr>
<tr><td colspan="2">接单时间</td><td>年　月　日</td><td>接单人</td><td></td><td>生产班组</td><td>数控车工组</td></tr>
</table>

注：生产任务单与零件图样等一起领取。

本生产任务工期为 10 天，试依据任务要求，制订合理的工作进度计划，并根据小组成员的特点进行分工。

序号	工作内容	时间	成员	负责人
1	工艺分析			
2	编制程序			
3	车削加工			
4	成品检验与质量分析			

二、分析图样，制定灯泡底座模型加工工艺卡

1．识读灯泡底座模型零件图样

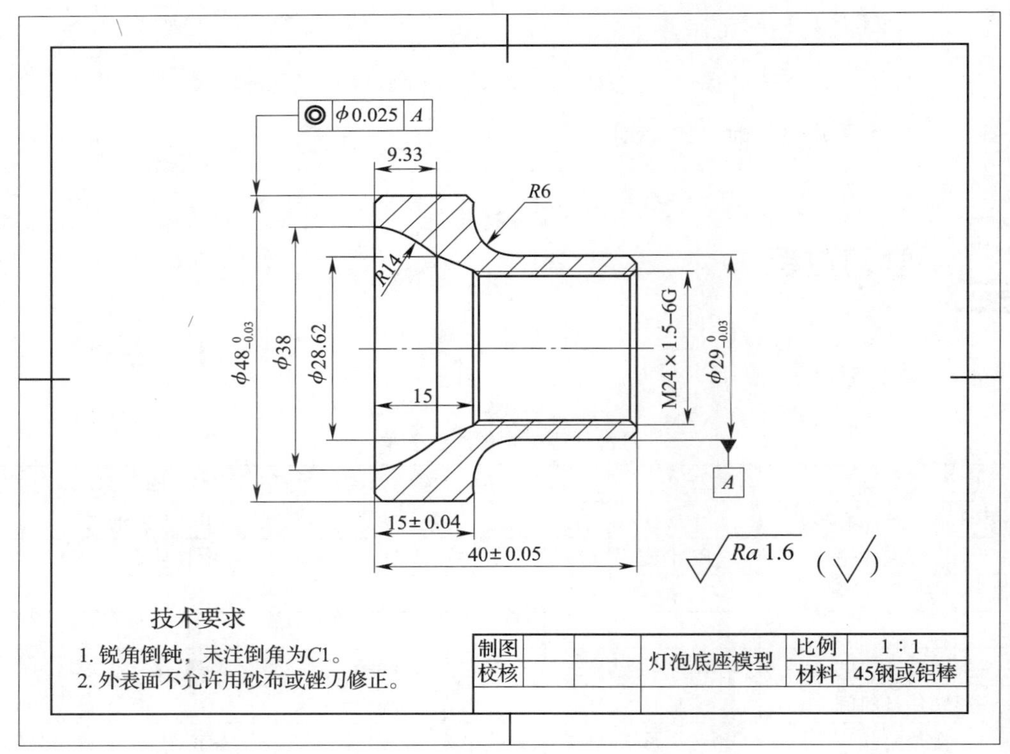

灯泡底座模型零件图样

（1）分析零件图样，写出加工灯泡底座模型的定位基准，以及主要元素的定形尺寸和定位尺寸。

（2）分析零件图样，在下表中写出灯泡底座模型的主要加工尺寸、几何公差要求及表面质量要求，为零件的编程做准备。

序号	项目	内容	偏差范围
1	主要加工尺寸		
2			
3			
4			
5			
6			
7	几何公差要求		
8	表面质量要求		

2．制定灯泡底座模型加工工艺卡

试结合所学普通车床加工工艺知识，制定灯泡底座模型的加工工艺卡，并明确我校数控车工组需要完成的任务。

灯泡底座模型加工工艺卡

<table>
<tr><td rowspan="2">单位名称</td><td rowspan="2"></td><td colspan="3">产品名称</td><td colspan="2"></td><td>图号</td><td></td></tr>
<tr><td colspan="3">零件名称</td><td></td><td>数量</td><td></td><td>第 页</td></tr>
<tr><td>材料种类</td><td></td><td>材料牌号</td><td></td><td>毛坯尺寸</td><td colspan="3"></td><td>共 页</td></tr>
<tr><td rowspan="2">工序号</td><td rowspan="2">工序内容</td><td rowspan="2">车间</td><td rowspan="2">设备</td><td colspan="3">工具</td><td rowspan="2">计划工时</td><td rowspan="2">实际工时</td></tr>
<tr><td>夹具</td><td>量具</td><td>刃具</td></tr>
<tr><td>1</td><td></td><td></td><td></td><td></td><td></td><td></td><td></td><td></td></tr>
<tr><td>2</td><td></td><td></td><td></td><td></td><td></td><td></td><td></td><td></td></tr>
<tr><td>3</td><td></td><td></td><td></td><td></td><td></td><td></td><td></td><td></td></tr>
<tr><td>4</td><td></td><td></td><td></td><td></td><td></td><td></td><td></td><td></td></tr>
<tr><td>5</td><td></td><td></td><td></td><td></td><td></td><td></td><td></td><td></td></tr>
<tr><td>6</td><td></td><td></td><td></td><td></td><td></td><td></td><td></td><td></td></tr>
<tr><td>更改号</td><td></td><td colspan="2">拟定</td><td colspan="2">校正</td><td colspan="2">审核</td><td>批准</td></tr>
<tr><td>更改者</td><td></td><td colspan="2"></td><td colspan="2"></td><td colspan="2"></td><td></td></tr>
<tr><td>日期</td><td></td><td colspan="2"></td><td colspan="2"></td><td colspan="2"></td><td></td></tr>
</table>

三、数控加工工艺分析

1．为保证灯泡底座模型的位置精度，应采取什么样的装夹方法?

2．根据灯泡底座模型零件图样，小组讨论确定零件的加工步骤。

3. 根据灯泡底座模型加工内容，完成灯泡底座模型加工的车削刀具卡。

灯泡底座模型加工的车削刀具卡

<table>
<tr><td colspan="2">产品名称或代号</td><td colspan="2"></td><td>零件名称</td><td colspan="2"></td><td>零件图号</td><td></td></tr>
<tr><td>刀具号</td><td colspan="3">刀具名称</td><td>数量</td><td colspan="2">加工内容</td><td>刀尖半径
(mm)</td><td>刀具规格
(mm × mm)</td></tr>
<tr><td></td><td colspan="3"></td><td></td><td colspan="2"></td><td></td><td></td></tr>
<tr><td></td><td colspan="3"></td><td></td><td colspan="2"></td><td></td><td></td></tr>
<tr><td></td><td colspan="3"></td><td></td><td colspan="2"></td><td></td><td></td></tr>
<tr><td></td><td colspan="3"></td><td></td><td colspan="2"></td><td></td><td></td></tr>
<tr><td>编制</td><td colspan="2"></td><td>审核</td><td></td><td>批准</td><td></td><td>第　页</td><td>共　页</td></tr>
</table>

4. 用手工刃磨的内孔车刀加工能否保证灯泡底座模型的加工精度?

5. 根据上述分析，小组讨论制定灯泡底座模型的数控加工工序卡。

灯泡底座模型数控加工工序卡

<table>
<tr><td rowspan="2">单位
名称</td><td rowspan="2"></td><td colspan="2">产品名称或代号</td><td colspan="2">零件名称</td><td colspan="2">零件图号</td></tr>
<tr><td colspan="2"></td><td colspan="2"></td><td colspan="2"></td></tr>
<tr><td>工序号</td><td>程序编号</td><td colspan="2">夹具名称</td><td colspan="2">使用设备</td><td colspan="2">车间</td></tr>
<tr><td></td><td></td><td colspan="2"></td><td colspan="2"></td><td colspan="2"></td></tr>
<tr><td>工步号</td><td>工步内容</td><td>刀具号</td><td>刀具规格
(mm)</td><td>主轴转速
(r/min)</td><td>进给速度
(mm/min)</td><td>背吃刀量
(mm)</td><td>备注</td></tr>
<tr><td></td><td></td><td></td><td></td><td></td><td></td><td></td><td></td></tr>
<tr><td></td><td></td><td></td><td></td><td></td><td></td><td></td><td></td></tr>
<tr><td></td><td></td><td></td><td></td><td></td><td></td><td></td><td></td></tr>
</table>

续表

工步号	工步内容	刀具号	刀具规格(mm)	主轴转速(r/min)	进给速度(mm/min)	背吃刀量(mm)	备注
编制		审核		批准		共　页	第　页

四、编制程序

1. 根据图样确定编程原点并在图中标出。

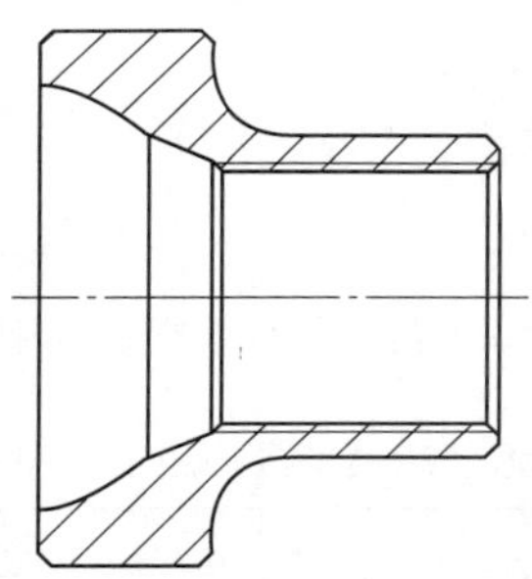

灯泡底座模型加工编程原点

2. 根据零件图样及加工工艺，结合所学数控系统，归纳出灯泡底座模型加工用到的编程指令（包括G代码指令和辅助指令）。

灯泡底座模型加工用到的编程指令

序号	选择的指令	指令格式
1		
2		
3		
4		

续表

序号	选择的指令	指令格式
5		
6		
7		
8		
9		
10		
11		
12		

3．根据零件加工步骤及编程分析，小组讨论完成灯泡底座模型数控车加工程序的编制。

（1）灯泡底座模型左端加工程序

程序段号	灯泡底座模型（左端）	O0001；
	加工程序	程序说明
N5		
N10		
N15		
N20		
N25		
N30		
N35		
N40		
N45		
N50		

续表

程序段号	灯泡底座模型（左端）	O0001；
	加工程序	程序说明
N55		
N60		
N65		
N70		
N75		
N80		
N85		
N90		
N95		
N100		
N105		
N110		
N115		
N120		
N125		
N130		
N135		
N140		
N145		
N150		
N155		

续表

程序段号	灯泡底座模型（左端）	O0001；
	加工程序	程序说明
N160		
N165		
N170		
N175		
N180		
N185		
N190		
N195		
N200		
N205		
N210		

（2）灯泡底座模型右端加工程序

程序段号	灯泡底座模型（右端）	O0002；
	加工程序	程序说明
N5		
N10		
N15		
N20		
N25		
N30		
N35		

续表

程序段号	灯泡底座模型（右端）	O0002；
	加工程序	程序说明
N40		
N45		
N50		
N55		
N60		
N65		
N70		
N75		
N80		
N85		
N90		
N95		
N100		
N105		
N110		
N115		
N120		
N125		
N130		
N135		
N140		

续表

程序段号	灯泡底座模型（右端）	O0002；
	加工程序	程序说明
N145		
N150		
N155		
N160		
N165		
N170		
N175		
N180		
N185		
N190		
N195		
N200		
N205		
N210		
N215		
N220		
N225		
N230		
N235		
N240		
N245		

续表

程序段号	灯泡底座模型（右端）	O0002；
	加工程序	程序说明
N250		
N255		
N260		
N265		
N270		
N275		
N280		

4．通过仿真软件验证零件的车削程序，记录并纠正程序中不合理的地方。

学习活动2　灯泡底座模型的数控车加工

学习目标

1. 能根据灯泡底座模型零件图样，确定符合加工要求的工、量、夹具及辅件。

2. 能熟练装夹工件，并对其进行找正。

3. 能正确规范地装夹内螺纹车刀，并运用适当对刀方法正确对刀。

4. 能正确输入零件的加工程序，应用数控车床的模拟检验功能，检查程序编写中的错误，并对程序进行优化。

5. 能在灯泡底座模型加工过程中，严格按照数控车床操作规程操作机床。

6. 能根据切削状态调整切削用量，保证正常切削，并适时检测，保证灯泡底座模型加工精度。

7. 能独立解决加工中出现的程序报警及机床简单故障。

8. 能按车间现场6S管理和产品工艺流程的要求，正确规范地保养机床，进行产品交接并规范填写交接班记录表。

建议学时　30学时

学习过程

一、加工准备

1. 领取工、量、刃具

填写工、量、刃具清单，并领取工、量、刃具。

工、量、刃具清单

序号	名称	规格	数量	备注
1				
2				
3				
4				
5				
6				
7				
8				
9				
10				

2. 领取毛坯料

领取毛坯料，并测量毛坯外形尺寸，判断毛坯是否有足够的加工余量。

3. 选择切削液

根据加工对象及所用刀具，选择本次加工所用切削液。

4. 开机准备

(1) 做好开机前的主要检查及准备工作（如给相关部位加油、检查油标等）。

（2）内螺纹车刀的对刀方法与外螺纹车刀的对刀方法是否相同？如果不同，说明内螺纹车刀应如何对刀。

二、零件加工

1. 按照数控车床操作安全规程检查各项均符合要求后，送电开机。
2. 按正确操作顺序，进行回机床参考点操作。
3. 正确装夹工件，并对其进行找正。
4. 正确装夹刀具，确保刀具牢固可靠，并设定主轴手动转速。
5. 按加工先后次序，采用试切法正确对刀。
6. 程序输入与校验

（1）输入并调试灯泡底座模型数控车加工程序。

（2）记录程序输入时产生的报警号，并说明产生报警的原因及解决办法。

报警号	报警内容	报警原因	解决办法

7. 自动加工

（1）加工中注意观察刀具切削情况，记录加工中不合理的因素，以便于纠正，提高工作效率（例如，切削用量、加工路径是否合理，刀具是否有干涉等）。

灯泡底座模型加工中遇到的问题

问题	产生原因	预防措施或改进方法

（2）案例分析 1：用外径千分尺检测外圆尺寸 $\phi 29_{-0.03}^{0}$ mm 得到两组尺寸，分别为 ϕ28. 98 mm 和 ϕ28. 75 mm，分析产生误差的原因，并提出纠正方法。

（3）案例分析 2：用游标卡尺检测长度尺寸（40 ± 0. 05）mm 得到两组尺寸，分别为 40. 02 mm 和 40. 12 mm，分析产生误差的原因，并提出纠正方法。

三、保养机床、清理场地

加工完毕后，按照图样要求进行自检，正确放置零件，并进行产品交接确认；按照国家环保相关规定和车间要求整理现场，清扫切屑，保养机床，并正确处置废油液等废弃物；按车间规定填写交接班记录和设备日常保养记录卡（见附表）。

学习活动3 灯泡底座模型的检验与质量分析

学习目标

1. 能根据灯泡底座模型图样，合理选择检验工具和量具，确定检测方法。

2. 能正确规范地使用工、量具对灯泡底座模型进行检验，并对工、量具进行合理保养和维护。

3. 能根据灯泡底座模型的测量结果，分析误差产生的原因，并提出修改意见。

4. 能按检验室管理要求，正确放置检验用工、量具。

建议学时 6学时

学习过程

一、明确测量要素，领取检测用工、量具

1. 灯泡底座模型零件上有哪些要素需要测量?

2．根据灯泡底座模型需要测量的要素，写出检测灯泡底座模型所需的工、量具，并填入表中。

检测灯泡底座模型所需的工、量具

序号	名称	规格（精度）	检测内容	备注
1				
2				
3				
4				
5				
6				
7				

二、检测零件，填写灯泡底座模型质量检验单

1．根据图样要求，自检灯泡底座模型零件，并完成零件质量检验单。

灯泡底座模型质量检验单

项目	序号	内容	检测结果	结论
外圆	1	$\phi48_{-0.03}^{0}$ mm		
	2	$\phi29_{-0.03}^{0}$ mm		
	3	$\phi38$ mm		
	4	$\phi28.62$ mm		
长度	5	(15 ±0.04) mm		
	6	(40 ±0.05) mm		
	7	9.33 mm		
	8	15 mm		
圆弧	9	$R6$ mm		
	10	$R14$ mm		
螺纹	11	M24 ×1.5—6G		

续表

项目	序号	内容	检测结果	结论
同轴度	12	◎ ϕ0.025 A		
表面质量	13	Ra1.6 μm		
倒角	14	C1 mm		
灯泡底座模型检测结论				
产生不合格品的情况分析				

2. 案例分析 1：用同轴度测量仪检测灯泡底座模型的同轴度误差值为0.045 mm，分析同轴度产生误差的原因，并提出纠正方法。

3. 案例分析 2：用螺纹塞规检测灯泡底座模型的内螺纹 M24×1.5—6G，通、止规都能拧入或通、止规都不能拧入，分析螺纹产生误差的原因，并判断螺纹能否返修。若能，提出返修方案。

三、提出工艺方案修改意见

对不合格项目进行分析，小组讨论提出修改意见。

不合格项目	产生原因	修改意见
尺寸不对		
内螺纹不合格		
同轴度误差		
表面粗糙度达不到要求		

学习活动4　工作总结与评价

学习目标

1. 能按照灯泡底座模型加工综合评价表完成自评。

2. 能按分组情况，分别派代表展示灯泡底座模型加工成果，说明本次任务的完成情况，并作分析总结。

3. 能结合自身任务完成情况，正确规范地撰写工作总结（心得体会）。

4. 能就本次任务中出现的问题，提出改进措施。

5. 能对学习与工作进行反思总结，并能与他人开展良好合作，进行有效沟通。

建议学时　2学时

学习过程

一、自我评价

灯泡底座模型加工综合评价表

工件编号				总得分		
项目	序号	技术要求	配分	评分标准	检测记录	得分
机床操作（20%）	1	正确开启机床、检查	4	不正确、不合理无分		
	2	机床返回参考点	4	不正确、不合理无分		
	3	程序的输入及修改	4	不正确、不合理无分		

续表

工件编号		技术要求	配分	总得分		
项目	序号			评分标准	检测记录	得分
机床操作（20%）	4	程序空运行轨迹检查	4	不正确、不合理无分		
	5	对刀的方式、方法	4	不正确、不合理无分		
程序与工艺（20%）	6	程序格式规范	4	不合格每处扣 1 分		
	7	程序正确、完整	8	不合格每处扣 2 分		
	8	工艺合理	8	不合格每处扣 2 分		
零件质量（50%）	9	$\phi48_{-0.03}^{0}$ mm	5	超差不得分		
	10	$\phi29_{-0.03}^{0}$ mm	5	超差不得分		
	11	$\phi38$ mm	1	超差不得分		
	12	$\phi28.62$ mm	1	超差不得分		
	13	（15 ±0.04） mm	5	超差不得分		
	14	（40 ±0.05） mm	5	超差不得分		
	15	9.33 mm	1	超差不得分		
	16	15 mm	1	超差不得分		
	17	$R6$ mm	2	超差不得分		
	18	$R14$ mm	2	超差不得分		
	19	M24 ×1.5—6G	6	超差不得分		
	20	◎ | $\phi0.025$ | A	6	超差不得分		
	21	$Ra1.6\mu m$	5	降级不得分		
	22	$C1$mm（5 处）	5	超差不得分		
安全文明生产（10%）	23	安全操作	5	不按安全操作规程操作全扣分		
	24	机床清理	5	不合格全扣分		
总配分			100			

二、展示评价（小组评价）

把个人制作好的灯泡底座模型先进行分组展示，再由小组推荐代表作必要的介绍。在展示过程中，以组为单位进行评价；评价完成后，根据其他组成员对本组展示成果的评价意见进行归纳总结。完成如下项目：

1. 展示的灯泡底座模型符合技术标准吗？

合格□　　不良□　　返修□　　报废□

2. 本小组介绍成果表达是否清晰？

很好□　　一般，常补充□　　不清晰□

3. 本小组演示的灯泡底座模型检测方法操作正确吗？

正确□　　部分正确□　　不正确□

4. 本小组演示操作时遵循了“6S”的工作要求吗？

符合工作要求□　　忽略了部分要求□　　完全没有遵循□

5. 本小组的检测量具、量仪保养完好吗？

良好□　　一般□　　不合要求□

6. 本小组的成员团队创新精神如何？

良好□　　一般□　　不足□

三、教师评价

教师对展示的作品分别作评价。

1. 找出各组的优点进行点评。

2. 对展示过程中各组的缺点进行点评，提出改进方法。

3. 对整个任务完成中出现的亮点和不足进行点评。

四、总结提升

1. 根据灯泡底座模型加工质量及完成情况，分析灯泡底座模型编程与加工中的不合理处及其原因并提出改进意见，填入表中。

灯泡底座模型加工不合理处及改进意见

序号	工作内容	不合理处	不合理的原因	改进意见
1	零件工艺处理与编程			

续表

序号	工作内容	不合理处	不合理的原因	改进意见
2	零件数控车加工			
3	零件质量			

2. 试结合自身任务完成情况，通过交流讨论等方式较全面规范地撰写本次任务的工作总结。

工作总结（心得体会）

评价与分析

学习任务七评价表

班级：__________ 学生姓名：__________ 学号：__________

项目	自我评价			小组评价			教师评价		
	10 ~ 9	8 ~ 6	5 ~ 1	10 ~ 9	8 ~ 6	5 ~ 1	10 ~ 9	8 ~ 6	5 ~ 1
	占总评 10%			占总评 30%			占总评 60%		
学习活动 1									
学习活动 2									
学习活动 3									
学习活动 4									
表达能力									
协作精神									
纪律观念									
工作态度									
分析能力									
操作规范性									
任务总体表现									
小计									
总评									

任课教师：________ 年 月 日

学习任务八　齿轮轴的数控车加工

学习目标

1. 能根据齿轮轴零件图样，制定齿轮轴的加工工艺，填写齿轮轴的加工工艺卡。

2. 能对齿轮轴进行编程前的数学处理。

3. 能合理制定齿轮轴的数控加工工艺路线，并填写数控加工工序卡。

4. 能根据加工工艺，完成齿轮轴数控车加工程序的编制。

5. 能应用数控车床的模拟检验功能，检查程序编写中的错误，并对程序进行优化。

6. 能独立完成齿轮轴的数控车加工任务。

7. 能在教师的指导下解决加工中出现的常见问题。

8. 能对齿轮轴进行正确的测量，评估与判断零件质量是否合格，并提出改进措施。

9. 能按车间现场 6S 管理的要求，整理现场，保养设备并填写保养记录。

10. 能主动获取有效信息，展示工作成果，对学习与工作进行反思总结，并能与他人开展良好合作，进行有效沟通。

建议学时

40 学时

工作情境描述

某机床配件公司急需 50 件齿轮轴（见下图），作为车床溜板箱易损配件来销售，时间要求为 10 天。学校承接任务后，把齿轮轴车削工序的加工任务分配给了数控车工组，由实习教师带领学生来完成。

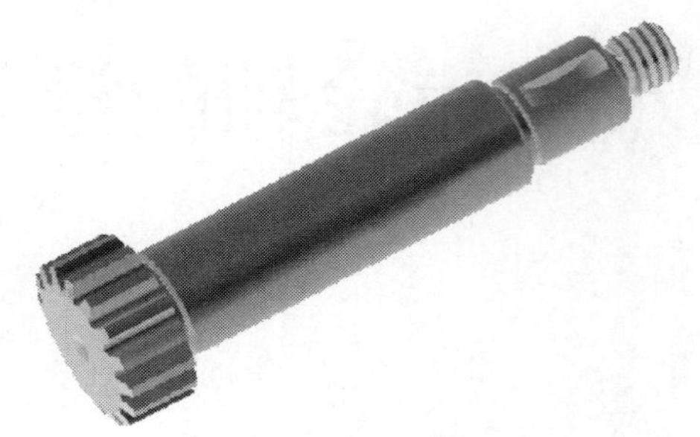

齿轮轴实体图

工作流程与活动

1. 齿轮轴加工工艺分析与编程
2. 齿轮轴的数控车加工
3. 齿轮轴的检验与质量分析
4. 工作总结与评价

学习活动1　齿轮轴加工工艺分析与编程

学习目标

1. 能阅读生产任务单，明确工作任务，制订出合理的工作进度计划。

2. 能根据零件图样，填写齿轮轴的加工工艺卡。

3. 能根据加工工艺、齿轮轴材料和形状特征等选择刀具和刀具几何参数，并确定数控加工合理的切削用量。

4. 能根据工艺要求合理选择零件的装夹方式。

5. 能合理制定齿轮轴的数控加工工艺路线，并填写数控加工工序卡。

6. 能完成齿轮轴数控车加工程序的编制。

建议学时　12 学时

学习过程

一、阅读生产任务单

齿轮轴生产任务单

单位名称				完成时间	年　月　日
序号	产品名称	材料	生产数量	技术标准、质量要求	
1	齿轮轴	45 钢	50 件	按图样要求	
2					
3					

续表

<table>
<tr><th>序号</th><th>产品名称</th><th>材料</th><th>生产数量</th><th colspan="3">技术标准、质量要求</th></tr>
<tr><td>4</td><td></td><td></td><td></td><td colspan="3"></td></tr>
<tr><td colspan="2">生产批准时间</td><td>年　月　日</td><td>批准人</td><td></td><td></td><td></td></tr>
<tr><td colspan="2">通知任务时间</td><td>年　月　日</td><td>发单人</td><td></td><td></td><td></td></tr>
<tr><td colspan="2">接单时间</td><td>年　月　日</td><td>接单人</td><td></td><td>生产班组</td><td>数控车工组</td></tr>
</table>

注：生产任务单与零件图样等一起领取。

1. 列举你所见过的应用了齿轮轴的产品，说明齿轮轴的主要应用场合及其所起的作用。本任务所加工齿轮轴位于车床的什么部位？其用途是什么？

2. 本生产任务工期为 10 天，试依据任务要求，制订合理的工作进度计划，并根据小组成员的特点进行分工。

序号	工作内容	时间	成员	负责人
1	工艺分析			
2	编制程序			
3	车削加工			
4	成品检验与质量分析			

二、分析图样，制定齿轮轴加工工艺卡

1．识读齿轮轴零件图样

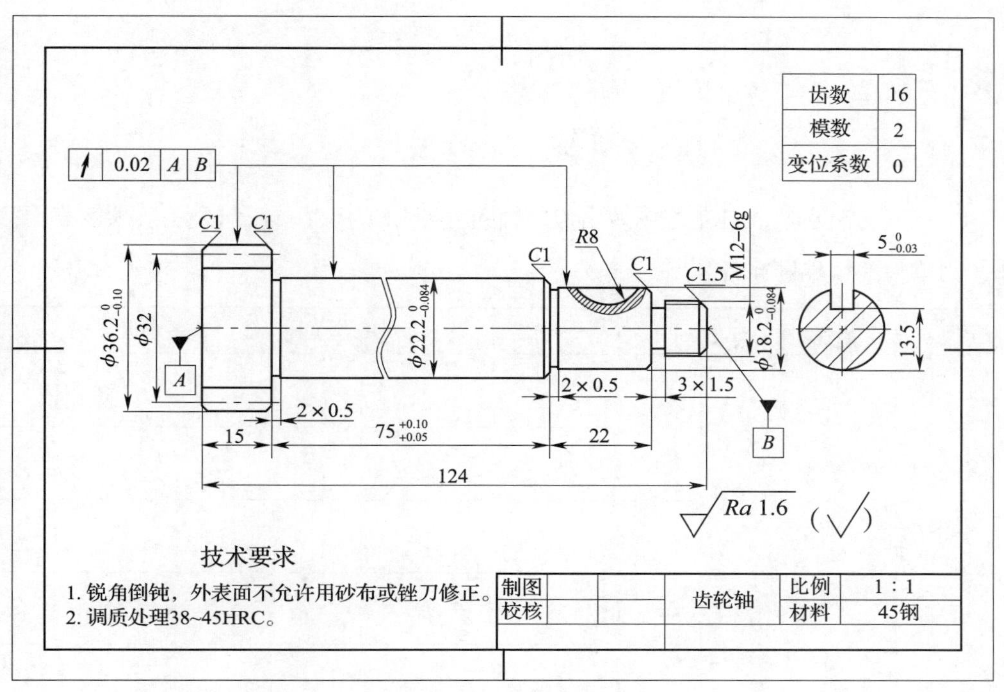

齿轮轴零件图样

（1）说明零件图样中几何公差 ↗ | 0.02 | A | B 在齿轮轴加工中的具体含义。

（2）齿轮轴上齿轮的加工应该放在车削前还是车削后？为什么？

（3）齿轮轴零件上哪个外圆需要磨削加工？为什么？

（4）分析零件图样，在下表中写出齿轮轴的主要加工尺寸、几何公差要求及表面质量要求，为零件的编程做准备。

序号	项目	内容	偏差范围
1	主要加工尺寸		
2			
3			
4			
5			
6			
7			
8			
9			
10			
11	几何公差要求		
12	表面质量要求		

2．制定齿轮轴加工工艺卡

试结合所学普通车床加工工艺知识和机械制造工艺知识，制定齿轮轴的加工工艺卡，并明确我校数控车工组需要完成的任务。

齿轮轴加工工艺卡

<table>
<tr><td rowspan="2">单位名称</td><td rowspan="2"></td><td colspan="2">产品名称</td><td colspan="3"></td><td>图号</td><td></td></tr>
<tr><td colspan="2">零件名称</td><td colspan="2"></td><td>数量</td><td></td><td>第　页</td></tr>
<tr><td>材料种类</td><td></td><td>材料牌号</td><td colspan="2"></td><td>毛坯尺寸</td><td colspan="2"></td><td>共　页</td></tr>
<tr><td rowspan="2">工序号</td><td rowspan="2">工序内容</td><td rowspan="2">车间</td><td rowspan="2">设备</td><td colspan="3">工具</td><td>计划</td><td>实际</td></tr>
<tr><td>夹具</td><td>量具</td><td>刃具</td><td>工时</td><td>工时</td></tr>
<tr><td>1</td><td></td><td></td><td></td><td></td><td></td><td></td><td></td><td></td></tr>
<tr><td>2</td><td></td><td></td><td></td><td></td><td></td><td></td><td></td><td></td></tr>
<tr><td>3</td><td></td><td></td><td></td><td></td><td></td><td></td><td></td><td></td></tr>
<tr><td>4</td><td></td><td></td><td></td><td></td><td></td><td></td><td></td><td></td></tr>
<tr><td>5</td><td></td><td></td><td></td><td></td><td></td><td></td><td></td><td></td></tr>
<tr><td>更改号</td><td></td><td colspan="2">拟定</td><td>校正</td><td colspan="2">审核</td><td colspan="2">批准</td></tr>
<tr><td>更改者</td><td></td><td colspan="2"></td><td></td><td colspan="2"></td><td colspan="2"></td></tr>
<tr><td>日期</td><td></td><td colspan="2"></td><td></td><td colspan="2"></td><td colspan="2"></td></tr>
</table>

三、数控加工工艺分析

1. 结合齿轮轴零件图确定加工齿轮轴的定位基准和装夹方式。

2. 根据齿轮轴车削加工内容，完成齿轮轴加工的车削刀具卡。

齿轮轴加工的车削刀具卡

<table>
<tr><td colspan="2">产品名称或代号</td><td colspan="2"></td><td>零件名称</td><td colspan="2"></td><td>零件图号</td><td></td></tr>
<tr><td>刀具号</td><td colspan="3">刀具名称</td><td>数量</td><td colspan="2">加工内容</td><td>刀尖半径
(mm)</td><td>刀具规格
(mm×mm)</td></tr>
<tr><td></td><td colspan="3"></td><td></td><td colspan="2"></td><td></td><td></td></tr>
<tr><td></td><td colspan="3"></td><td></td><td colspan="2"></td><td></td><td></td></tr>
<tr><td></td><td colspan="3"></td><td></td><td colspan="2"></td><td></td><td></td></tr>
<tr><td></td><td colspan="3"></td><td></td><td colspan="2"></td><td></td><td></td></tr>
<tr><td></td><td colspan="3"></td><td></td><td colspan="2"></td><td></td><td></td></tr>
<tr><td></td><td colspan="3"></td><td></td><td colspan="2"></td><td></td><td></td></tr>
<tr><td>编制</td><td></td><td colspan="2">审核</td><td></td><td>批准</td><td></td><td>第　页</td><td>共　页</td></tr>
</table>

3. 根据上述分析，小组讨论制定齿轮轴的数控加工工序卡。

齿轮轴数控加工工序卡

<table>
<tr><td rowspan="2">单位
名称</td><td rowspan="2"></td><td colspan="2">产品名称或代号</td><td colspan="2">零件名称</td><td colspan="2">零件图号</td></tr>
<tr><td colspan="2"></td><td colspan="2"></td><td colspan="2"></td></tr>
<tr><td>工序号</td><td>程序编号</td><td colspan="2">夹具名称</td><td colspan="2">使用设备</td><td colspan="2">车间</td></tr>
<tr><td></td><td></td><td colspan="2"></td><td colspan="2"></td><td colspan="2"></td></tr>
<tr><td>工步号</td><td>工步内容</td><td>刀具号</td><td>刀具规格
(mm)</td><td>主轴转速
(r/min)</td><td>进给速度
(mm/min)</td><td>背吃刀量
(mm)</td><td>备注</td></tr>
<tr><td></td><td></td><td></td><td></td><td></td><td></td><td></td><td></td></tr>
<tr><td></td><td></td><td></td><td></td><td></td><td></td><td></td><td></td></tr>
<tr><td></td><td></td><td></td><td></td><td></td><td></td><td></td><td></td></tr>
<tr><td></td><td></td><td></td><td></td><td></td><td></td><td></td><td></td></tr>
<tr><td></td><td></td><td></td><td></td><td></td><td></td><td></td><td></td></tr>
<tr><td></td><td></td><td></td><td></td><td></td><td></td><td></td><td></td></tr>
<tr><td></td><td></td><td></td><td></td><td></td><td></td><td></td><td></td></tr>
<tr><td>编制</td><td></td><td>审核</td><td></td><td>批准</td><td></td><td>共　页</td><td>第　页</td></tr>
</table>

四、编制程序

1. 根据图样确定编程原点并在图中标出。

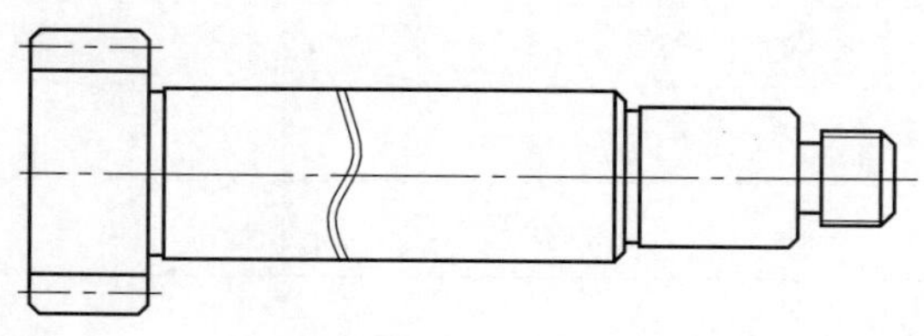

齿轮轴加工编程原点

2. 根据零件图样及加工工艺，结合所学数控系统，归纳出齿轮轴加工用到的编程指令（包括 G 代码指令和辅助指令）。

齿轮轴加工用到的编程指令

序号	选择的指令	指令格式
1		
2		
3		
4		
5		
6		
7		
8		
9		
10		
11		
12		

3. 根据零件加工步骤及编程分析，小组讨论完成齿轮轴零件数控车加工程序的编制。

（1）齿轮轴右端加工程序

程序段号	齿轮轴（右端）	O0001；
	加工程序	程序说明
N5		
N10		
N15		
N20		
N25		
N30		
N35		
N40		
N45		
N50		
N55		
N60		
N65		
N70		
N75		
N80		
N85		
N90		
N95		
N100		
N105		
N110		
N115		
N120		

续表

程序段号	齿轮轴（右端）	O0001；
	加工程序	程序说明
N125		
N130		
N135		
N140		
N145		
N150		
N155		
N160		
N165		
N170		
N175		
N180		
N185		
N190		
N195		
N200		
N205		
N210		
N215		
N220		
N225		
N230		
N235		
N240		
N245		
N250		

（2）齿轮轴左端加工程序

程序段号	齿轮轴（左端）	O0002；
	加工程序	程序说明
N5		
N10		
N15		
N20		
N25		
N30		
N35		
N40		
N45		
N50		
N55		
N60		
N65		
N70		
N75		
N80		
N85		
N90		
N95		
N100		

4．通过仿真软件验证零件的车削程序，记录并纠正程序中不合理的地方。

学习活动 2　齿轮轴的数控车加工

学习目标

1. 能根据齿轮轴零件图样，确定符合加工要求的工、量、夹具及辅件。

2. 能利用一夹一顶的方式装夹工件，并对其进行找正。

3. 能判断领取的刀具能否满足加工要求，并能对不满足加工要求的刀具进行修磨。

4. 能熟练装夹数控车刀，并运用适当对刀方法正确对刀。

5. 能正确输入零件的加工程序，应用数控车床的模拟检验功能，检查程序编写中的错误，并对程序进行优化。

6. 能在齿轮轴加工过程中，严格按照数控车床操作规程操作机床。

7. 能根据切削状态调整切削用量，保证正常切削，并适时检测，保证齿轮轴加工精度。

8. 能独立解决加工中出现的程序报警及机床简单故障。

9. 能按车间现场 6S 管理和产品工艺流程的要求，正确规范地保养机床，进行产品交接并规范填写交接班记录表。

建议学时　20 学时

学习过程

一、加工准备

1．领取工、量、刃具

填写工、量、刃具清单，并领取工、量、刃具。

工、量、刃具清单

序号	名称	规格	数量	备注
1				
2				
3				
4				
5				
6				
7				
8				
9				
10				

2．领取毛坯料

领取毛坯料，并测量毛坯外形尺寸，判断毛坯是否有足够的加工余量。

3．选择切削液

根据加工对象及所用刀具，选择本次加工所用切削液。

4．开机准备

（1）做好开机前的主要检查及准备工作（如给相关部位加油、检查油标等）。

（2）齿轮轴的加工需要采用一夹一顶装夹方式，查阅资料，说明采用一夹一顶装夹车削工件时装刀和换刀的注意事项。

（3）查阅资料，说明切断刀对刀和螺纹车刀对刀的具体方法及注意事项。

（4）根据工艺要求，需要磨削的外圆要预留磨削加工余量，本任务中你预留的磨削加工余量（直径）是多少?

二、零件加工

1. 按照数控车床操作安全规程检查各项均符合要求后，送电开机。

2. 按正确操作顺序，进行回机床参考点操作。

3. 正确装夹工件，并对其进行找正。

4. 正确装夹刀具，确保刀具牢固可靠，并设定主轴手动转速。

5. 按加工先后次序，采用试切法正确对刀。

6. 程序输入与校验。

（1）输入并调试齿轮轴数控车加工程序。

（2）记录程序输入时产生的报警号，并说明产生报警的原因及解决办法。

报警号	报警内容	报警原因	解决办法

7. 自动加工

加工中注意观察刀具切削情况，记录加工中不合理的因素，以便于纠正，提高工作效率（例如，切削用量、加工路径是否合理，刀具是否有干涉等）。

齿轮轴加工中遇到的问题

问题	产生原因	预防措施或改进方法

三、保养机床、清理场地

加工完毕后，按照图样要求进行自检，正确放置零件，并进行产品交接确认；按照国家环保相关规定和车间要求整理现场，清扫切屑，保养机床，并正确处置废油液等废弃物；按车间规定填写交接班记录和设备日常保养记录卡（见附表）。

学习活动3　齿轮轴的检验与质量分析

学习目标

1. 能根据齿轮轴图样，合理选择检验工具和量具，确定检测方法。

2. 能正确规范地使用工、量具对齿轮轴进行检验，并对工、量具进行合理保养和维护。

3. 能根据齿轮轴的测量结果，分析误差产生的原因，并提出修改意见。

4. 能按检验室管理要求，正确放置检验用工、量具。

建议学时　6学时

学习过程

一、明确测量要素，领取检测用工、量具

1. 齿轮轴零件上有哪些要素需要测量?

2. 齿轮轴上外圆 $\phi 36.2_{-0.10}^{0}$ mm、$\phi 18.2_{-0.084}^{0}$ mm、$\phi 22.2_{-0.084}^{0}$ mm 三处的径向跳动误差应用什么设备进行测量？试简述具体的检测方法。

3. 根据齿轮轴需要测量的要素，写出检测齿轮轴所需的工、量具，并填入表中。

检测齿轮轴所需的工、量具

序号	名称	规格（精度）	检测内容	备注
1				
2				
3				
4				
5				
6				
7				
8				

二、检测零件，填写齿轮轴质量检验单

根据图样要求，自检齿轮轴零件，并完成零件质量检验单。

齿轮轴质量检验单

项目	序号	内容	检测结果	结论
外圆	1	$\phi 18.2_{-0.084}^{0}$ mm		
	2	$\phi 22.2_{-0.084}^{0}$ mm		
	3	$\phi 36.2_{-0.10}^{0}$ mm		
长度	4	$75_{+0.05}^{+0.10}$ mm		
	5	15 mm		
	6	22 mm		
	7	124 mm		
螺纹	8	M12—6g		
外沟槽	9	3 mm×1.5 mm		
	10	2 mm×0.5 mm		
径向跳动	11	↗ 0.02 A B		
表面质量	12	*Ra*1.6 μm		
倒角	13	*C*1 mm（4 处）		
	14	*C*1.5 mm		
齿轮轴零件检测结论				
产生不合格品的情况分析				

三、提出工艺方案修改意见

对不合格项目进行分析，小组讨论提出修改意见。

不合格项目	产生原因	修改意见
尺寸不对		
螺纹质量不好		
径向跳动误差		
表面粗糙度达不到要求		

学习活动4　工作总结与评价

学习目标

1. 能按照齿轮轴加工综合评价表完成自评。

2. 能按分组情况，分别派代表展示齿轮轴加工成果，说明本次任务的完成情况，并作分析总结。

3. 能结合自身任务完成情况，正确规范地撰写工作总结（心得体会）。

4. 能就本次任务中出现的问题，提出改进措施。

5. 能对学习与工作进行反思总结，并能与他人开展良好合作，进行有效沟通。

建议学时　2学时

学习过程

一、自我评价

齿轮轴加工综合评价表

工件编号		技术要求	配分	总得分		
项目	序号			评分标准	检测记录	得分
机床操作（20%）	1	正确开启机床、检查	4	不正确、不合理无分		
	2	机床返回参考点	4	不正确、不合理无分		
	3	程序的输入及修改	4	不正确、不合理无分		
	4	程序空运行轨迹检查	4	不正确、不合理无分		
	5	对刀的方式、方法	4	不正确、不合理无分		

续表

工件编号		技术要求	配分	总得分		
项目	序号			评分标准	检测记录	得分
程序与工艺（20%）	6	程序格式规范	4	不合格每处扣 1 分		
	7	程序正确、完整	8	不合格每处扣 2 分		
	8	工艺合理	8	不合格每处扣 2 分		
零件质量（50%）	9	$\phi 18.2_{-0.084}^{0}$ mm	5	超差不得分		
	10	$\phi 22.2_{-0.084}^{0}$ mm	5	超差不得分		
	11	$\phi 36.2_{-0.10}^{0}$ mm	5	超差不得分		
	12	$75_{+0.05}^{+0.10}$ mm	5	超差不得分		
	13	15 mm	2	超差不得分		
	14	22 mm	2	超差不得分		
	15	124 mm	2	超差不得分		
	16	M12—6g	6	超差不得分		
	17	3 mm×1.5 mm	2	超差不得分		
	18	2 mm×0.5 mm	2	超差不得分		
	19	↗ 0.02 A B	5	超差不得分		
	20	$Ra1.6$ μm	4	降级不得分		
	21	$C1$ mm（4 处）	4	超差不得分		
	22	$C1.5$ mm	1	超差不得分		
安全文明生产（10%）	23	安全操作	5	不按安全操作规程操作全扣分		
	24	机床清理	5	不合格全扣分		
总配分			100			

二、展示评价（小组评价）

把个人制作好的齿轮轴先进行分组展示，再由小组推荐代表作必要的介绍。在展示过程中，以组为单位进行评价；评价完成后，根据其他组成员对本组展示成果的评价意见进行归纳总结。完成如下项目：

1. 展示的齿轮轴符合技术标准吗?

合格□　　不良□　　返修□　　报废□

2. 本小组介绍成果表达是否清晰?

很好□　　一般，常补充□　　不清晰□

3. 本小组演示的齿轮轴检测方法操作正确吗?

正确□　　部分正确□　　不正确□

4. 本小组演示操作时遵循了“6S”的工作要求吗?

符合工作要求□　　忽略了部分要求□　　完全没有遵循□

5. 本小组的检测量具、量仪保养完好吗?

良好□　　一般□　　不合要求□

6. 本小组的成员团队创新精神如何?

良好□　　一般□　　不足□

三、教师评价

教师对展示的作品分别作评价。

1. 找出各组的优点进行点评。

2. 对展示过程中各组的缺点进行点评，提出改进方法。

3. 对整个任务完成中出现的亮点和不足进行点评。

四、总结提升

1. 根据齿轮轴加工质量及完成情况，分析齿轮轴编程与加工中的不合理处及其原因并提出改进意见，填入表中。

齿轮轴加工不合理处及改进意见

序号	工作内容	不合理处	不合理的原因	改进意见
1	零件工艺处理与编程			
2	零件数控车加工			
3	零件质量			

2. 试结合自身任务完成情况，通过交流讨论等方式较全面规范地撰写本次任务的工作总结。

工作总结（心得体会）

评价与分析

学习任务八评价表

班级：__________ 学生姓名 ：__________ 学号：________

项目	自我评价			小组评价			教师评价		
	10 ~ 9	8 ~ 6	5 ~ 1	10 ~ 9	8 ~ 6	5 ~ 1	10 ~ 9	8 ~ 6	5 ~ 1
	占总评 10%			占总评 30%			占总评 60%		
学习活动 1									
学习活动 2									
学习活动 3									
学习活动 4									
表达能力									
协作精神									
纪律观念									
工作态度									
分析能力									
操作规范性									
任务总体表现									
小计									
总评									

任课教师：________ 年 月 日

学习任务九　空套齿轮轴的数控车加工

1. 能根据空套齿轮轴零件图样，制定空套齿轮轴加工工艺，填写空套齿轮轴的加工工艺卡。

2. 能对空套齿轮轴进行编程前的数学处理。

3. 能合理制定空套齿轮轴的数控加工工艺路线，并填写数控加工工序卡。

4. 能根据加工工艺，完成空套齿轮轴数控车加工程序的编制。

5. 能应用数控车床的模拟检验功能，检查程序编写中的错误，并对程序进行优化。

6. 能独立完成空套齿轮轴的数控车加工任务。

7. 能在教师的指导下解决加工中出现的常见问题。

8. 能对空套齿轮轴进行正确的测量，评估与判断零件质量是否合格，并提出改进措施。

9. 能按车间现场6S管理的要求，整理现场，保养设备并填写保养记录。

10. 能主动获取有效信息，展示工作成果，对学习与工作进行反思总结，并能与他人开展良好合作，进行有效沟通。

40学时

某机电公司急需100件空套齿轮轴（见下图），作为汽油发动机中易损配件来销售，时

间要求为 10 天。学校承接任务后将空套齿轮轴车削工序的加工任务分配给了数控车工组，由实习教师带领学生来完成。

空套齿轮轴实体图

工作流程与活动

1. 空套齿轮轴加工工艺分析与编程
2. 空套齿轮轴的数控车加工
3. 空套齿轮轴的检验与质量分析
4. 工作总结与评价

学习活动1　空套齿轮轴加工工艺分析与编程

学习目标

1. 能阅读生产任务单，明确工作任务，制订出合理的工作进度计划。

2. 能根据零件图样，填写空套齿轮轴的加工工艺卡。

3. 能根据加工工艺、空套齿轮轴材料和形状特征等选择刀具和刀具几何参数，并确定数控加工合理的切削用量。

4. 能根据工艺要求合理选择零件的装夹方式。

5. 能合理制定空套齿轮轴的数控加工工艺路线，并填写数控加工工序卡。

6. 能完成空套齿轮轴数控车加工程序的编制。

建议学时　12学时

学习过程

一、阅读生产任务单

空套齿轮轴生产任务单

单位名称			完成时间	年　月　日
序号	产品名称	材料	生产数量	技术标准、质量要求
1	空套齿轮轴	45钢	100件	按图样要求
2				
3				

续表

序号	产品名称	材料	生产数量	技术标准、质量要求		
4						
生产批准时间		年 月 日	批准人			
通知任务时间		年 月 日	发单人			
接单时间		年 月 日	接单人		生产班组	数控车工组

注：生产任务单与零件图样等一起领取。

1. 列举生活中见到的空套齿轮轴应用实例，说明空套齿轮轴的主要用途和应用场合。本任务所加工空套齿轮轴位于汽油发动机的什么部位？其用途是什么？

2. 本生产任务工期为 10 天，试依据任务要求，制订合理的工作进度计划，并根据小组成员的特点进行分工。

序号	工作内容	时间	成员	负责人
1	工艺分析			
2	编制程序			
3	车削加工			
4	成品检验与质量分析			

二、分析图样，制定空套齿轮轴加工工艺卡

1．识读空套齿轮轴零件图样

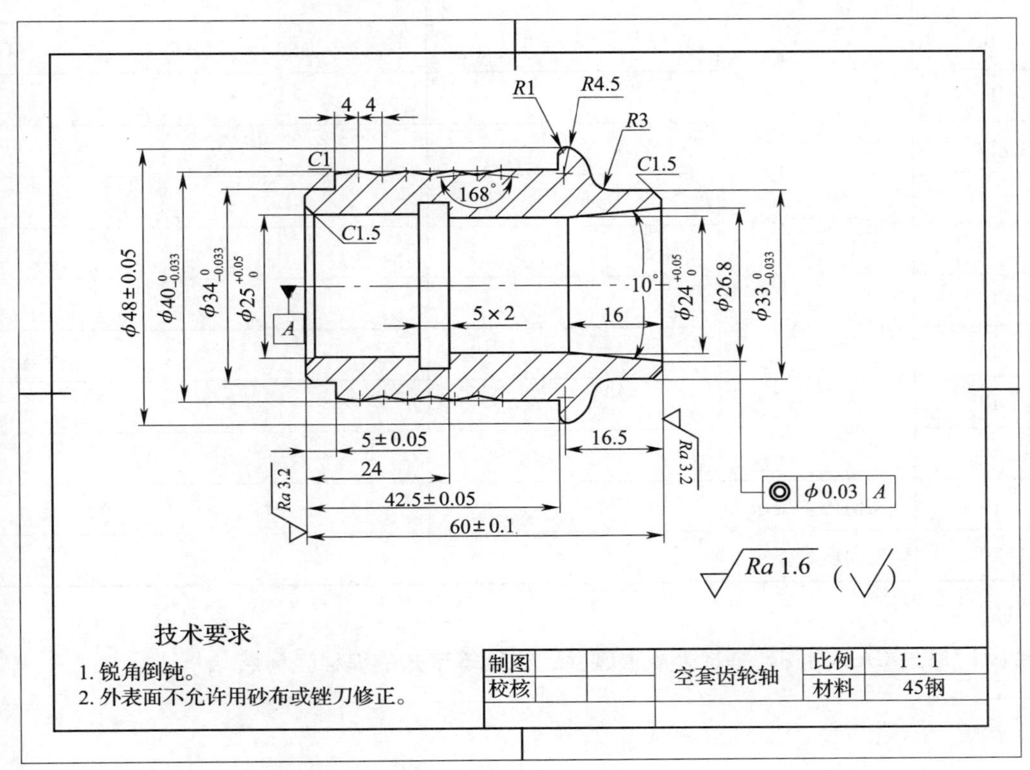

空套齿轮轴零件图样

（1）分析零件图样，在下表中写出空套齿轮轴的主要加工尺寸、几何公差要求及表面质量要求，为零件的编程做准备。

序号	项目	内容	偏差范围
1	主要加工尺寸		
2			
3			
4			
5			
6			
7			
8			

续表

序号	项目	内容	偏差范围
9	主要加工尺寸		
10			
11			
12			
13			
14			
15			
16			
17			
18			
19	几何公差要求		
20	表面质量要求		

（2）通过 CAD 绘图，捕捉外表面圆弧、锥度等未知的编程坐标点。

(3) 仔细观察如图所示空套齿轮轴实体，说明零件的定位基准以及外表面锥度的夹角是多少。用什么机床加工效率最高?

空套齿轮轴实体

(4) 空套齿轮轴的锥孔与 $\phi25^{+0.05}_{0}$ mm 孔有同轴度要求，在加工中应采用什么夹具，如何装夹?

(5) 空套齿轮轴的 10°锥孔与 $\phi25^{+0.05}_{0}$ mm 孔应用什么量具来测量精度? 试简述测量方法。

2. 制定空套齿轮轴加工工艺卡

试结合所学普通车床加工工艺知识，制定空套齿轮轴的加工工艺卡，并明确我校数控车工组需要完成的任务。

空套齿轮轴加工工艺卡

<table>
<tr><td rowspan="2">单位名称</td><td rowspan="2"></td><td colspan="2">产品名称</td><td colspan="2"></td><td>图号</td><td colspan="2"></td></tr>
<tr><td colspan="2">零件名称</td><td></td><td>数量</td><td colspan="2"></td><td>第　页</td></tr>
<tr><td>材料种类</td><td></td><td>材料牌号</td><td></td><td colspan="2">毛坯尺寸</td><td colspan="2"></td><td>共　页</td></tr>
<tr><td rowspan="2">工序号</td><td rowspan="2">工序内容</td><td rowspan="2">车间</td><td rowspan="2">设备</td><td colspan="3">工具</td><td rowspan="2">计划工时</td><td rowspan="2">实际工时</td></tr>
<tr><td>夹具</td><td>量具</td><td>刃具</td></tr>
<tr><td>1</td><td></td><td></td><td></td><td></td><td></td><td></td><td></td><td></td></tr>
<tr><td>2</td><td></td><td></td><td></td><td></td><td></td><td></td><td></td><td></td></tr>
<tr><td>3</td><td></td><td></td><td></td><td></td><td></td><td></td><td></td><td></td></tr>
<tr><td>4</td><td></td><td></td><td></td><td></td><td></td><td></td><td></td><td></td></tr>
<tr><td>5</td><td></td><td></td><td></td><td></td><td></td><td></td><td></td><td></td></tr>
<tr><td>6</td><td></td><td></td><td></td><td></td><td></td><td></td><td></td><td></td></tr>
<tr><td>7</td><td></td><td></td><td></td><td></td><td></td><td></td><td></td><td></td></tr>
<tr><td>更改号</td><td></td><td colspan="2">拟定</td><td>校正</td><td colspan="2">审核</td><td colspan="2">批准</td></tr>
<tr><td>更改者</td><td></td><td colspan="2"></td><td></td><td colspan="2"></td><td colspan="2"></td></tr>
<tr><td>日期</td><td></td><td colspan="2"></td><td></td><td colspan="2"></td><td colspan="2"></td></tr>
</table>

三、数控加工工艺分析

1. 零件外表面锥度168°用什么刀具加工比较合适？刀具的刀尖圆弧半径应选择多大的？

2. 零件内孔有5 mm×2 mm的内沟槽，应选用什么刀具加工？刀具宽度是多少？画出所选刀具的简易图形。

3. 根据空套齿轮轴加工内容，完成空套齿轮轴加工的车削刀具卡。

空套齿轮轴加工的车削刀具卡

<table>
<tr><td colspan="2">产品名称或代号</td><td colspan="2"></td><td>零件名称</td><td colspan="2"></td><td>零件图号</td><td></td></tr>
<tr><td>刀具号</td><td colspan="3">刀具名称</td><td>数量</td><td colspan="2">加工内容</td><td>刀尖半径（mm）</td><td>刀具规格（mm×mm）</td></tr>
<tr><td></td><td colspan="3"></td><td></td><td colspan="2"></td><td></td><td></td></tr>
<tr><td></td><td colspan="3"></td><td></td><td colspan="2"></td><td></td><td></td></tr>
<tr><td></td><td colspan="3"></td><td></td><td colspan="2"></td><td></td><td></td></tr>
<tr><td></td><td colspan="3"></td><td></td><td colspan="2"></td><td></td><td></td></tr>
<tr><td></td><td colspan="3"></td><td></td><td colspan="2"></td><td></td><td></td></tr>
<tr><td></td><td colspan="3"></td><td></td><td colspan="2"></td><td></td><td></td></tr>
<tr><td>编制</td><td colspan="2"></td><td>审核</td><td></td><td>批准</td><td></td><td>第　页</td><td>共　页</td></tr>
</table>

4. 空套齿轮轴零件加工中是否需要调头装夹？如果需要，用什么检测工具来调整才能保证零件的同轴度？

5. 根据空套齿轮轴零件图样，初步确定零件的加工步骤。

6. 根据上述分析，小组讨论制定空套齿轮轴的数控加工工序卡。

空套齿轮轴数控加工工序卡

<table>
<tr><td rowspan="2">单位名称</td><td rowspan="2"></td><td colspan="2">产品名称或代号</td><td colspan="2">零件名称</td><td colspan="2">零件图号</td></tr>
<tr><td colspan="2"></td><td colspan="2"></td><td colspan="2"></td></tr>
<tr><td>工序号</td><td>程序编号</td><td colspan="2">夹具名称</td><td colspan="2">使用设备</td><td colspan="2">车间</td></tr>
<tr><td></td><td></td><td colspan="2"></td><td colspan="2"></td><td colspan="2"></td></tr>
<tr><td>工步号</td><td>工步内容</td><td>刀具号</td><td>刀具规格
(mm)</td><td>主轴转速
(r/min)</td><td>进给速度
(mm/min)</td><td>背吃刀量
(mm)</td><td>备注</td></tr>
<tr><td></td><td></td><td></td><td></td><td></td><td></td><td></td><td></td></tr>
<tr><td></td><td></td><td></td><td></td><td></td><td></td><td></td><td></td></tr>
<tr><td></td><td></td><td></td><td></td><td></td><td></td><td></td><td></td></tr>
<tr><td></td><td></td><td></td><td></td><td></td><td></td><td></td><td></td></tr>
<tr><td></td><td></td><td></td><td></td><td></td><td></td><td></td><td></td></tr>
<tr><td></td><td></td><td></td><td></td><td></td><td></td><td></td><td></td></tr>
<tr><td></td><td></td><td></td><td></td><td></td><td></td><td></td><td></td></tr>
<tr><td>编制</td><td></td><td>审核</td><td></td><td>批准</td><td></td><td>共　页</td><td>第　页</td></tr>
</table>

四、编制程序

1．根据图样确定编程原点并在图中标出。

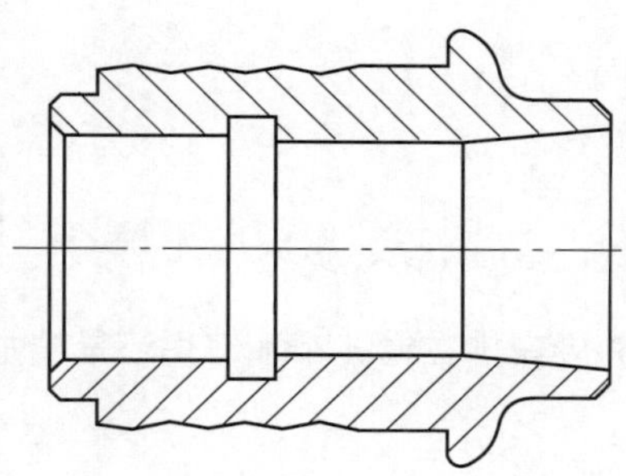

空套齿轮轴加工编程原点

2．空套齿轮轴零件的孔加工需要调头加工，试编制零件右端锥孔和直孔 $\phi24^{+0.05}_{0}$ mm 的精加工车削程序，并说明刀具起刀点的坐标位置。

3．空套齿轮轴零件外形的圆弧面、锥面加工量较多，编程中是否要用刀尖半径补偿？为什么？

4. 编制外轮廓锥面168°处的车削程序应选用G71循环指令还是G73循环指令？理由是什么？

5. 车内沟槽5 mm×2 mm应安排在镗孔粗加工后还是精加工后，为什么？

6. 为了保证零件的加工精度，精加工余量留多少比较合适？应选择在程序中留余量还是在磨耗中留余量，为什么？

7. 根据零件加工步骤及编程分析，小组讨论完成空套齿轮轴数控车加工程序的编制。

（1）空套齿轮轴左端加工程序

程序段号	空套齿轮轴（左端）	O0001；
	加工程序	程序说明
N5		
N10		
N15		
N20		
N25		
N30		
N35		
N40		

续表

程序段号	空套齿轮轴（左端）	O0001；
	加工程序	程序说明
N45		
N50		
N55		
N60		
N65		
N70		
N75		
N80		
N85		
N90		
N95		
N100		
N105		
N110		
N115		
N120		
N125		
N130		
N135		
N140		
N145		
N150		
N155		
N160		
N165		
N170		
N175		

续表

程序段号	空套齿轮轴（左端）	O0001；
	加工程序	程序说明
N180		
N185		
N190		
N195		
N200		
N205		
N210		
N215		
N220		
N225		
N230		
N235		
N240		
N245		
N250		
N255		
N260		

（2）空套齿轮轴右端加工程序

程序段号	空套齿轮轴（右端）	O0002；
	加工程序	程序说明
N5		
N10		
N15		
N20		
N25		
N30		

续表

程序段号	空套齿轮轴（右端）	O0002；
	加工程序	程序说明
N35		
N40		
N45		
N50		
N55		
N60		
N65		
N70		
N75		
N80		
N85		
N90		
N95		
N100		
N105		
N110		
N115		
N120		
N125		
N130		
N135		
N140		
N145		
N150		
N155		
N160		
N165		

续表

程序段号	空套齿轮轴（右端）	O0002；
	加工程序	程序说明
N170		
N175		
N180		
N185		
N190		
N195		
N200		
N205		
N210		
N215		
N220		
N225		
N230		

8．通过仿真软件验证零件的车削程序，记录并纠正程序中不合理的地方。

学习活动2　空套齿轮轴的数控车加工

学习目标

1. 能根据空套齿轮轴零件图样，确定符合加工要求的工、量、夹具及辅件。

2. 能熟练装夹工件，并对其进行找正。

3. 能熟练装夹数控车刀，并运用适当对刀方法正确对刀。

4. 能正确输入零件的加工程序，应用数控车床的模拟检验功能，检查程序编写中的错误，并对程序进行优化。

5. 能在空套齿轮轴加工过程中，严格按照数控车床操作规程操作机床。

6. 能根据切削状态调整切削用量，保证正常切削，并适时检测，保证空套齿轮轴加工精度。

7. 能独立解决加工中出现的程序报警及机床简单故障。

8. 能按车间现场6S管理和产品工艺流程的要求，正确规范地保养机床，进行产品交接并规范填写交接班记录表。

建议学时　20学时

学习过程

一、加工准备

1. 领取工、量、刃具

填写工、量、刃具清单，并领取工、量、刃具。

工、量、刃具清单

序号	名称	规格	数量	备注
1				
2				
3				
4				
5				
6				
7				
8				
9				
10				

2. 领取毛坯料

领取毛坯料，并测量毛坯外形尺寸，判断毛坯是否有足够的加工余量。

3. 选择切削液

根据加工对象及所用刃具，选择本次加工所用切削液。

4. 开机准备

（1）做好开机前的主要检查及准备工作（如给相关部位加油、检查油标等）。

（2）如果加工中刀具没有夹紧，加工后刀尖或刀具会发生位移，此时应该怎么办?

二、零件加工

1. 按照数控车床操作安全规程检查各项均符合要求后，送电开机。

2. 按正确操作顺序，进行回机床参考点操作。

3. 正确装夹工件，并对其进行找正。

4. 检查刀具是否齐全、完整，按加工工艺要求依次装夹刀具，并完成对刀操作。

5. 程序输入与校验

（1）输入并调试空套齿轮轴数控车加工程序。

（2）记录程序输入时产生的报警号，并说明产生报警的原因及解决办法。

报警号	报警内容	报警原因	解决办法

6. 自动加工

（1）加工中注意观察刀具切削情况，记录加工中不合理的因素，以便于纠正，提高工作效率（例如，切削用量、加工路径是否合理，刀具是否有干涉等）。

空套齿轮轴加工中遇到的问题

问题	产生原因	预防措施或改进方法

（2）案例分析1：按下循环启动按钮准备加工时，机床出现 p/s 010 报警，试分析产生报警的原因，并提出解决方法。

（3）案例分析2：镗孔过程中，发现镗刀与孔壁有干涉现象，试分析产生干涉的原因，并提出解决方法。

（4）案例分析3：空套齿轮轴孔加工时，内孔表面有振纹，试分析原因并提出解决方法。

（5）案例分析4：在空套齿轮轴加工中，外表面粗加工结束后，发现精加工余量过多，试分析原因并提出解决方法。

三、保养机床、清理场地

加工完毕后，按照图样要求进行自检，正确放置零件，并进行产品交接确认；按照国家环保相关规定和车间要求整理现场，清扫切屑，保养机床，并正确处置废油液等废弃物；按车间规定填写交接班记录和设备日常保养记录卡（见附表）。

学习活动3　空套齿轮轴的检验与质量分析

学习目标

1. 能根据空套齿轮轴图样，合理选择检验工具和量具，确定检测方法。

2. 能正确规范地使用工、量具对空套齿轮轴进行检验，并对工、量具进行合理保养和维护。

3. 能根据空套齿轮轴的测量结果，分析误差产生的原因，并提出修改意见。

4. 能按检验室管理要求，正确放置检验用工、量具。

建议学时　6学时

学习过程

一、明确测量要素，领取检测用工、量具

1. 空套齿轮轴零件上有哪些要素需要测量?

2. 零件内沟槽尺寸能否用普通卡尺测量？如果不能，应选用什么量具测量？画出测量示意图。

3. 根据空套齿轮轴需要测量的要素，写出检测空套齿轮轴所需的工、量具，并填入表中。

检测空套齿轮轴所需的工、量具

序号	名称	规格（精度）	检测内容	备注
1				
2				
3				
4				
5				
6				
7				

二、检测零件，填写空套齿轮轴质量检验单

1. 根据图样要求，自检空套齿轮轴零件，并完成零件质量检验单。

空套齿轮轴质量检验单

项目	序号	内容	检测结果	结论
外圆	1	ϕ（48 ±0.05）mm		
	2	$\phi40_{-0.033}^{0}$ mm		
	3	$\phi34_{-0.033}^{0}$ mm		
	4	$\phi33_{-0.033}^{0}$ mm		

续表

项目	序号	内容	检测结果	结论
内孔	5	$\phi25^{+0.05}_{0}$ mm		
	6	$\phi24^{+0.05}_{0}$ mm		
长度	7	(60 ±0.1) mm		
	8	(42.5 ±0.05) mm		
	9	(5 ±0.05) mm		
	10	24 mm		
圆弧	11	*R*4.5 mm		
	12	*R*3 mm		
	13	*R*1 mm		
内沟槽	14	5 mm×2 mm		
锥度	15	4 mm、168°		
	16	10°、16 mm、ϕ26.8 mm		
同轴度	17	◎ | ϕ0.03 | *A*		
表面质量	18	*Ra*1.6 μm		
	19	*Ra*3.2 μm		
倒角	20	*C*1.5 mm (2 处)		
	21	*C*1 mm		
空套齿轮轴检测结论				
产生不合格品的情况分析				

2. 案例分析：测量内孔尺寸 $\phi25^{+0.05}_{0}$ mm 时，发现内径百分表指针晃动，数值不稳定，试分析数值不稳定的原因并提出解决方法。

三、提出工艺方案修改意见

对不合格项目进行分析，小组讨论提出修改意见。

不合格项目	产生原因	修改意见
尺寸不对		
圆弧误差		
锥度、角度误差		
同轴度误差		
表面粗糙度达不到要求		

学习活动4　工作总结与评价

学习目标

1. 能按照空套齿轮轴加工综合评价表完成自评。

2. 能按分组情况，分别派代表展示空套齿轮轴加工成果，说明本次任务的完成情况，并作分析总结。

3. 能结合自身任务完成情况，正确规范地撰写工作总结（心得体会）。

4. 能就本次任务中出现的问题，提出改进措施。

5. 能对学习与工作进行反思总结，并能与他人开展良好合作，进行有效沟通。

建议学时　2学时

学习过程

一、自我评价

空套齿轮轴加工综合评价表

工件编号		技术要求	配分	总得分		
项目	序号			评分标准	检测记录	得分
机床操作（15%）	1	正确开启机床、检查	3	不正确、不合理无分		
	2	机床返回参考点	3	不正确、不合理无分		
	3	程序的输入及修改	3	不正确、不合理无分		
	4	程序空运行轨迹检查	3	不正确、不合理无分		
	5	对刀的方式、方法	3	不正确、不合理无分		

续表

<table>
<tr><th>工件编号</th><th></th><th rowspan="2">技术要求</th><th rowspan="2">配分</th><th colspan="3">总得分</th></tr>
<tr><th>项目</th><th>序号</th><th>评分标准</th><th>检测记录</th><th>得分</th></tr>
<tr><td rowspan="3">程序与工艺（15%）</td><td>6</td><td>程序格式规范</td><td>3</td><td>不合格每处扣 1 分</td><td></td><td></td></tr>
<tr><td>7</td><td>程序正确、完整</td><td>6</td><td>不合格每处扣 2 分</td><td></td><td></td></tr>
<tr><td>8</td><td>工艺合理</td><td>6</td><td>不合格每处扣 2 分</td><td></td><td></td></tr>
<tr><td rowspan="21">零件质量（60%）</td><td>9</td><td>ϕ（48 ±0. 05）mm</td><td>4</td><td>超差不得分</td><td></td><td></td></tr>
<tr><td>10</td><td>$\phi 40^{0}_{-0.033}$ mm</td><td>4</td><td>超差不得分</td><td></td><td></td></tr>
<tr><td>11</td><td>$\phi 34^{0}_{-0.033}$ mm</td><td>4</td><td>超差不得分</td><td></td><td></td></tr>
<tr><td>12</td><td>$\phi 33^{0}_{-0.033}$ mm</td><td>4</td><td>超差不得分</td><td></td><td></td></tr>
<tr><td>13</td><td>$\phi 25^{+0.05}_{0}$ mm</td><td>4</td><td>超差不得分</td><td></td><td></td></tr>
<tr><td>14</td><td>$\phi 24^{+0.05}_{0}$ mm</td><td>4</td><td>超差不得分</td><td></td><td></td></tr>
<tr><td>15</td><td>（60 ±0. 1） mm</td><td>3</td><td>超差不得分</td><td></td><td></td></tr>
<tr><td>16</td><td>（42. 5 ±0. 05） mm</td><td>3</td><td>超差不得分</td><td></td><td></td></tr>
<tr><td>17</td><td>（5 ±0. 05） mm</td><td>2</td><td>超差不得分</td><td></td><td></td></tr>
<tr><td>18</td><td>24 mm</td><td>1</td><td>超差不得分</td><td></td><td></td></tr>
<tr><td>19</td><td>R4. 5 mm</td><td>2</td><td>超差不得分</td><td></td><td></td></tr>
<tr><td>20</td><td>R3 mm</td><td>2</td><td>超差不得分</td><td></td><td></td></tr>
<tr><td>21</td><td>R1 mm</td><td>1</td><td>超差不得分</td><td></td><td></td></tr>
<tr><td>22</td><td>5 mm ×2 mm</td><td>2</td><td>超差不得分</td><td></td><td></td></tr>
<tr><td>23</td><td>4 mm、168°</td><td>6</td><td>超差不得分</td><td></td><td></td></tr>
<tr><td>24</td><td>10°、16 mm、ϕ26. 8 mm</td><td>3</td><td>超差不得分</td><td></td><td></td></tr>
<tr><td>25</td><td>◎ | ϕ0.03 | A</td><td>4</td><td>超差不得分</td><td></td><td></td></tr>
<tr><td>26</td><td>Ra1. 6 μm</td><td>2</td><td>降级不得分</td><td></td><td></td></tr>
<tr><td>27</td><td>Ra3. 2 μm</td><td>2</td><td>降级不得分</td><td></td><td></td></tr>
<tr><td>28</td><td>C1. 5 mm（2 处）</td><td>2</td><td>超差不得分</td><td></td><td></td></tr>
<tr><td>29</td><td>C1 mm</td><td>1</td><td>超差不得分</td><td></td><td></td></tr>
<tr><td rowspan="2">安全文明生产（10%）</td><td>30</td><td>安全操作</td><td>5</td><td>不按安全操作规程操作全扣分</td><td></td><td></td></tr>
<tr><td>31</td><td>机床清理</td><td>5</td><td>不合格全扣分</td><td></td><td></td></tr>
<tr><td colspan="3">总配分</td><td>100</td><td></td><td></td><td></td></tr>
</table>

二、展示评价（小组评价）

把个人制作好的空套齿轮轴先进行分组展示，再由小组推荐代表作必要的介绍。在展示过程中，以组为单位进行评价；评价完成后，根据其他组成员对本组展示成果的评价意见进行归纳总结。完成如下项目：

1. 展示的空套齿轮轴符合技术标准吗？

合格□　　不良□　　返修□　　报废□

2. 本小组介绍成果表达是否清晰？

很好□　　一般，常补充□　　不清晰□

3. 本小组演示的空套齿轮轴检测方法操作正确吗？

正确□　　部分正确□　　不正确□

4. 本小组演示操作时遵循了“6S”的工作要求吗？

符合工作要求□　　忽略了部分要求□　　完全没有遵循□

5. 本小组的检测量具、量仪保养完好吗？

良好□　　一般□　　不合要求□

6. 本小组的成员团队创新精神如何？

良好□　　一般□　　不足□

三、教师评价

教师对展示的作品分别作评价。

1. 找出各组的优点进行点评。

2. 对展示过程中各组的缺点进行点评，提出改进方法。

3. 对整个任务完成中出现的亮点和不足进行点评。

四、总结提升

1. 根据空套齿轮轴加工质量及完成情况，分析空套齿轮轴编程与加工中的不合理处及其原因并提出改进意见，填入表中。

空套齿轮轴加工不合理处及改进意见

序号	工作内容	不合理处	不合理的原因	改进意见
1	零件工艺处理与编程			

续表

序号	工作内容	不合理处	不合理的原因	改进意见
2	零件数控车加工			
3	零件质量			

2．试结合自身任务完成情况，通过交流讨论等方式较全面规范地撰写本次任务的工作总结。

工作总结（心得体会）

评价与分析

学习任务九评价表

班级：__________ 学生姓名 ：__________ 学号：________

项目	自我评价			小组评价			教师评价		
	10 ~ 9	8 ~ 6	5 ~ 1	10 ~ 9	8 ~ 6	5 ~ 1	10 ~ 9	8 ~ 6	5 ~ 1
	占总评 10%			占总评 30%			占总评 60%		
学习活动 1									
学习活动 2									
学习活动 3									
学习活动 4									
表达能力									
协作精神									
纪律观念									
工作态度									
分析能力									
操作规范性									
任务总体表现									
小计									
总评									

任课教师：________ 年 月 日

附　　表

附表 1

交接班记录

设备名称：　　　　　　　　　　设备编号：　　　　　　　　　　使用班组：

项目	交接 机床	交接工、量、刃具			交接 图样	交接 材料	交接 成品件	交接 半成品件	工艺 技术交流
数量、使用情况 （交班人填）									
交班人									
接班人									
日期									

附表2

设备日常保养记录卡

设备名称：　　　　设备编号：　　　　使用部门：　　　　保养年月：　　　　存档编码：

日期 保养内容	1	2	3	4	5	6	7	8	9	10	11	12	13	14	15	16	17	18	19	20	21	22	23	24	25	26	27	28	29	30	31
环境卫生																															
机身整洁																															
加油润滑																															
工具整齐																															
电气损坏																															
机械损坏																															
保养人																															
机械异常备注																															

审核人：　　　　　　　　　　　　　　年　月　日

注：保养后，用“√”表示日保；“△”表示周保；“○”表示月保；“Y”表示一级保养；“×”表示有损坏或异常现象，应在“机械异常备注”栏给予记录。

技工院校一体化课程教学改革 数控加工专业（数车方向）

一体化课程名称（中级阶段）	教材
零件钳加工	零件钳加工
零件普通车床加工	零件普通车床加工（一） 零件普通车床加工（二）
数控车床编程与模拟加工	数控车床编程与模拟加工
产品质量检测	产品质量检测
零件数控车床加工	零件数控车床加工
组合件加工与装配	组合件加工与装配（普车/数控）

一体化课程名称（高级阶段）	教材
配合件数控车床加工 数控车床精度检测 计算机辅助编程与加工 特殊零件数控车床加工 数控铣床编程与模拟加工（选修） 零件数控铣床加工（选修）	2013-2014年出版

技工院校一体化课程教学改革 数控加工专业（数铣加工中心方向）

一体化课程名称（中级阶段）	教材
零件钳加工	零件钳加工
零件普通铣床加工	零件普通铣床加工（一） 零件普通铣床加工（二）
数控铣床编程与模拟加工	数控铣床编程与模拟加工
产品质量检测	产品质量检测
零件数控铣床加工	零件数控铣床加工
组合件加工与装配	组合件加工与装配（普车/数控）

一体化课程名称（高级阶段）	教材
配合件数控铣床加工 数控铣床精度检测 计算机辅助编程与加工 特殊零件数控铣床加工 数控车床编程与模拟加工（选修） 零件数控车床加工（选修）	2013—2014年出版

责任编辑　张　毅
责任校对　安　波
装帧设计　张　婷

定价：34.00元